文具手帖：
好色文具强迫症！

◎潘幸仑 等 著

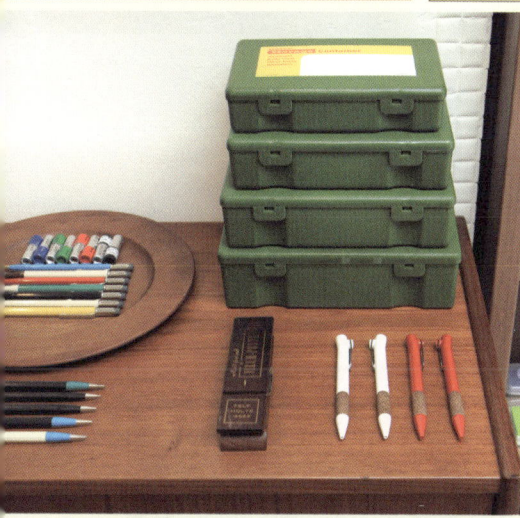

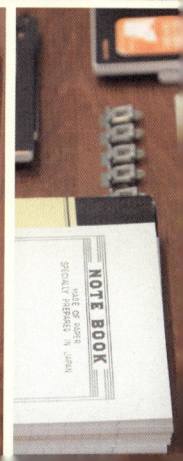

九州出版社 JIUZHOUPRESS

STATIONERY & HOMEWARE

文具病友新聚点，"直物"生活文具

—— Text & Photo by Hally Chen

买文具是每个人成长时多少都会经历的嗜好。不像汽车或服装需要门坎，它向来是连小学生也能参与的乐趣。我们周围的文具迷不少，不过要找到像 Tiger 这样热爱文具到膏肓，声称自己的行为是一种病，写了一本书来宣扬收集有理、散播病毒无罪的文具迷还真不多见。日前才在罗斯福路的小巷中开幕的"直物"，与其说是文具店，倒不如说是 Tiger 将笔下的"文具病"立体化，从纸本照片里活跳出一个有血有肉的空间。小店的位置恰好邻近台电大楼，位处师大路和台大两个学区之间，恬静且充满艺文气息。加上不时店里还能听到老板 Tiger 专业的介绍，买文具还能听故事。开幕当天，这个城市里同样患有此"病"的"病友"纷纷涌入，大伙从此开始有了交流地。

原本为日本证券员专门使用的细字原子笔，细长好携带的笔身和流利好写的特性，加上价格不高，以及传统的复古的外型，虽然已经停产红蓝两色，只剩下黑色还在生产，在 Tiger 介绍引进后在台湾仍引起一波热潮。

Tiger 推荐店内的三款铅笔（由右至左）
1. 瑞士卡塔尔 Carand' Ache / Technograph 777 铅
2. 日本三菱 Hi-Uni 铅笔。
3. Blackwing 铅笔（Palomino 公司复刻生产）。

店里陈列的笔柜是学过木工的 Tiger 自己设计制作的。

直物自行开发设计的 "make a note of it" 系列笔记本，在店里也能买到。

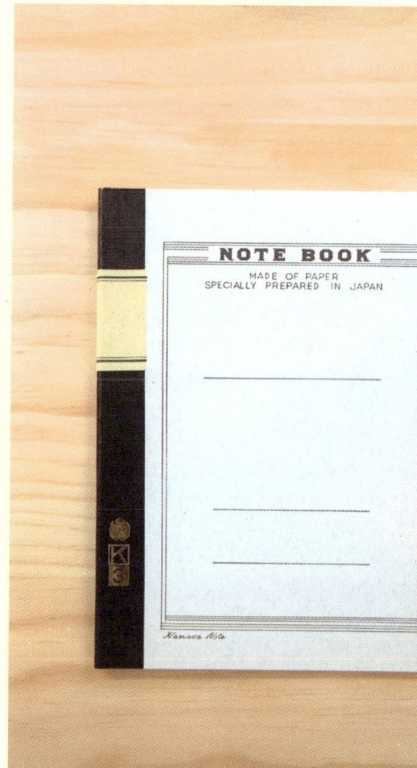

日本高级平价笔记本，内页使用 Fool's Cap 高级纸，任何笔书写都很适宜，在日本也是入手不易，是经常一上架就被抢购一空的逸品。

宫崎骏也使用的卡塔尔削铅笔机，CARAN D'ACHE 公司制作，1933 年开始生产至今，外观没有太大改变。老板 Tiger 在直物店里慷慨陈列了自己收藏的三代样式。该削铅笔机金属机身，够分量的重量就算没有固定器，使用起来依旧平稳。

本名沈昶甫的 Tiger，同时也是《文具病》一书的作者。能对文具有这样的理性分析和研究，多少和 Tiger 求学过程及设计相关皆有关联，早期在台湾想找到比较精致的文具并不容易，加上网络购物当时未成熟，能买到国外新文具的渠道少之又少，最多只能上诚品书店聊表慰藉。回想刚开始收集文具时，Tiger 说自己也喜欢好看的文具，但是时间一久，发现空有外表但缺少机能性的文具渐渐会失去魅力。往往只剩下生活中时常派得上用场的文具，纵使愈用愈旧，多年后依然爱不释手。十年前初次前往日本求学的那一年，是 Tiger 染上文具病的爆发期，来到文具市场蓬勃的日本，仿佛走进了文具大观园，不断推陈出新的市场，从此打开了 Tiger 对文具的热恋。四年前开始动笔写书时，他已经将开店列为计划。只是当时台湾读者虽然开始重视文具，但眼光还仅止于外观设计上，Tiger 借着在博客上分享文章，掀起台湾同好对文具的讨论。Tiger 等待着时机成熟，诞生一间内外兼具的文具店。

求学一路读到博士，Tiger 把研究学问的精神也用在文具上，理出一套他个人的"挑水果理

论"。以挑水果的方式寻找文具，先思考设想哪种职业的使用者会有什么需求，过滤找出专门服务这些人的文具。Tiger 说，十多年的文具研究，他从自己的经验中看见文具如人，好的文具最重要的是内涵，唯有优秀的机能才能在工作上帮忙。相同的理念，同时也表现在直物这间店。空有好看长相的文具，可是进不了这里。像是那支外表和台湾玉兔原子笔几分神似，原本为日本证券员专门使用的专用笔，细长好携带的笔身和流利好写的特性，加上价格不高，虽然在日本已经停产红蓝两色，只剩下黑色还在生产，在他介绍引进后在台湾仍引起一波热潮。另一款压有刀痕线的便条纸也很少见，可以不用剪刀或尺，就可以从整本便条纸中整齐撕下某页的一角，长度自定，国外不少玩家还利用它的设计，任意撕出各种动物造型。

Tiger 说，开店让他能入手更多有趣的文具，是一种满足。外表看起来成熟，私下事事要求完美的他，开店前光是店名、网址就不知换了几回。店里的文具虽称不上多到琳琅满目，但是每件都是 Tiger 亲自使用过的，随时可以说出每一件文具背后的精彩故事。为了力求售价能和台湾接近，不再重蹈身为文具迷时被进口商把日币当台币卖的痛苦，他花了很长的时间和厂商沟通，希望让直物的客人不止看得满足，买得也开心。像是国外知名文具品牌：瑞士的 Caran D'Ache、来自美国的 Autopoint，直物也都取得代理。

受到他《文具病》书里介绍的莹窗社文具店的影响，Tiger 计划将来也会贩卖古董文具，像是五六十年前东欧生产的铅笔，未来都会出现在店里。他偷偷跟我透露，学过皮革和金工，刚从国际广告公司离职来帮忙他的另一半，正在开发自己品牌的削铅笔器。现在店里已经能见到直物自己原创的笔记本。从使用文具、研究文具到推广好文具，依旧不能满足他对文具的热情。Tiger 说："接下来我想做的，是开发自己理想的文具。如果有一天，能够把自己设计的文具卖回日本，那才是我期待的事。"

Tiger 不止文具内行，店里不少木工，像是柜台上的笔柜，还有那台木桌面铁脚、强调法国工业风格中猫脚特色的桌子和推车，都是出自他的设计。

直物生活文具
地址：台北市中正区罗斯福路三段 210 巷 8 弄 10 号之 1
营业时间：周一至周五 14：00—20：00
　　　　　 周六、周日 14：00—19：00，周二公休。
电话：0975875120
http://plain.tw

contents
目录

【 Stationery News & Shop 】

《文具手帖》的最大使命之一，就是不断开拓读者们的文具杂货视野，所以这次我们除了要去平面巡览 mt 纸胶带东京博，更要飞出亚洲，抵达美国，看看太平洋彼端的国度，文具杂货设计又会给我们带来什么样的视觉享受。

【 飞向新加坡逛文具店！（下篇）】——by 柑仔

新加坡文具店怎么可能只有两家呢？

本篇是《文具手帖：燃烧手帐魂！》【飞向新加坡逛文具店！】未完待续的完结篇，让文具热血症患者柑仔，带着你继续逛新加坡文具店吧！

【 相本美编 】——by moon lee

在欧美地区非常流行的相本美编，将从《文具手帖：好色文具强迫症！》开始与读者分享，让生活中再平凡不过的日常点滴，但却那么真实发生在自己身上的故事，运用 scrapbooking 相本编辑，留住对自己极具意义的事件！

【 文具手创时光 】——"爱情的味道！"

西洋情人节、白色情人节或七夕情人节，情人们情感闪光的节日，把对爱情的想象投入手作设计里，会呈现什么样的面貌？就屏息以待吧！

参与创作：小西、妮蒂亚、Heaven、Rosy、Goofy

文具控说文具

对他们来说，文具不只是收藏，而是一项使命，
让更多人喜爱文具，并让它融入生活，是至关重要的一件事。
从现在开始，在每一册的《文具手帖》里，
就听文具资深爱好者黑女、Denya、Tiger、Sam、Peggy，
诉说文具令他们着迷的不同面向，
只有更了解文具，才能成为真正的文具控！

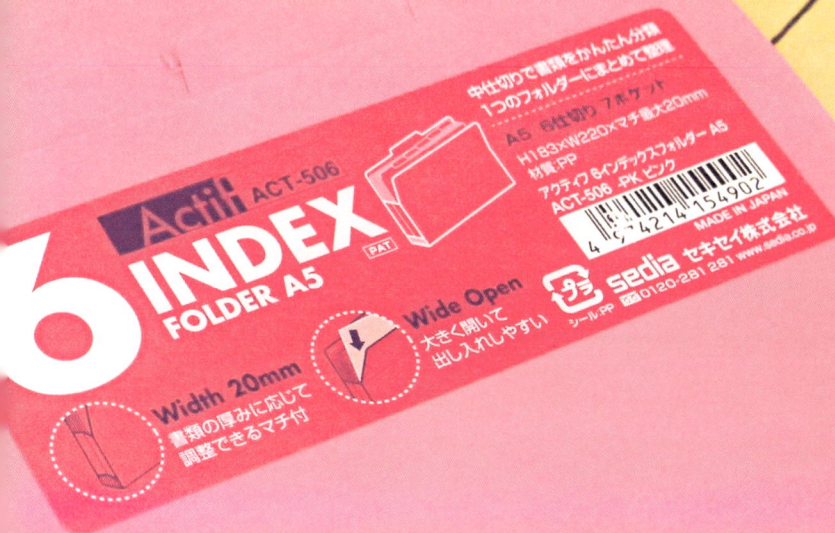

6 INDEX FOLDER A5

Acili ACT-506

PAT

Width 20mm
書類の厚みに応じて
調整できるマチ付

Wide Open
大きく開いて
出し入れしやすい

中仕切りで書類をかんたん分類
1つのフォルダーにまとめて整理

A5 6仕切り 7ポケット
H183×W220×マチ最大20mm
材質PP

アクティブ 6インデックスフォルダー A5
ACT-506 -PK ピンク

sedia セキセイ株式会社
0120-281 281 www.sedia.co.jp
シール:PP

MADE IN JAPAN

4 954214 154902

Wide Open
大きく開いて
出し入れしやすい

中仕切りで書類をかんたん分類
1つのフォルダーにまとめて整理

A5 6仕切り 7ポケット
H183×W220×マチ最大20mm
材質PP

アクティブ 6インデックスフォルダー A5
ACT-506 -LG ライトグリーン

sedia セキセイ株式会社
0120-281 281 www.sedia.co.jp

MADE IN JAPAN

4 974214 154919

专栏作者群

最强关键词：检索——by 黑女

MILAN 不在意大利！——by Denya

回归原点、体验书写乐趣——蘸水笔的种种事情！——by "文具病" Tiger

台湾钢笔巡礼：侧写福福钢笔爷爷！——by Sam

印台里的二三事：玩布印像！手作族最想知道的用印小技巧。——by Peggy Lee

最强关键词：检索！

Text · Photo by 黑女

　　无论是工作或日常笔记，能够"瞬间寻获"需要的信息，仿佛已经是我一生的课题。手帐从过去的周月记事到"ほぼ日"一日一页再到"TRAVELER'S notebook"分类分册、"Davinci"的月日分离，无论看过多少本笔记术、工作术的杂志书籍，我依然困于"找不到"的窘境。找不到收据、找不到同事交代待办事项的便利贴、找不到那一排明明就担心过自己会找不到，而刻意郑重地记在笔记本某一页的电话号码……这样的我，来写"检索"恐怕也是血泪斑斑的辛酸史吧！

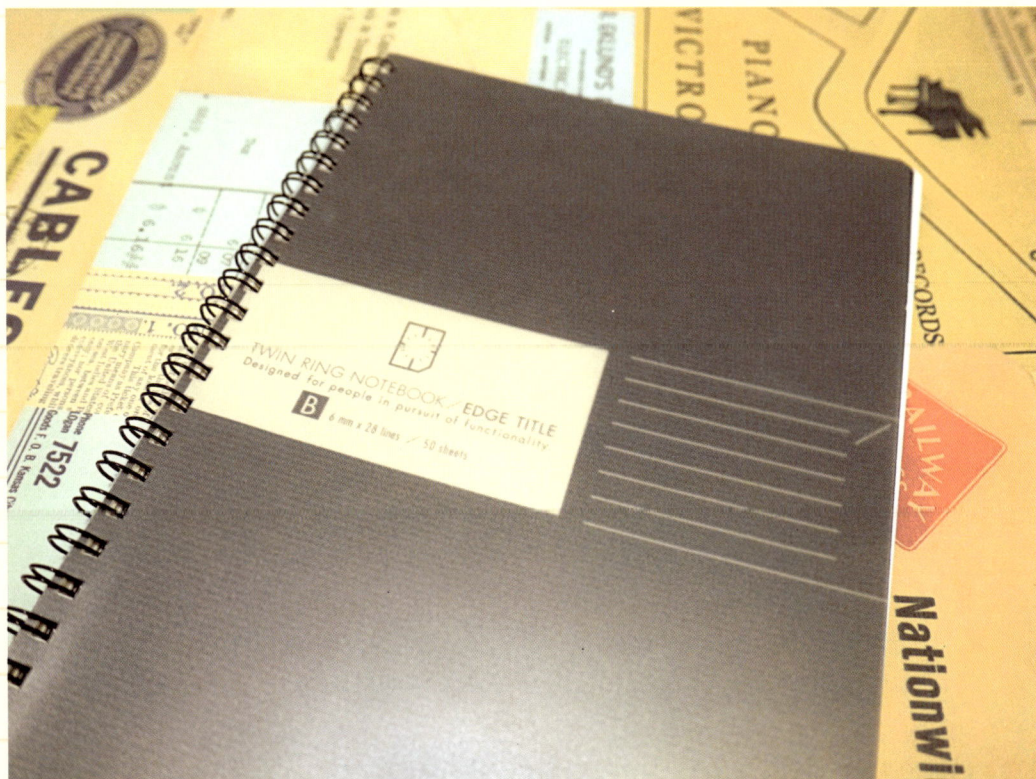

KOKUYO TWIN RING NOTEBOOK / EDGE TITLE

　　坦白说当初是在等待文具王笔记本到货期间，忍不住想先体验一下同样以"检索"为概念的 EDGE TITLE，因而冲动购买。笔记本封面贴纸上就写着"为了立即找到想找的记录而生的笔记本"，在页缘设计涂色分类栏、可填上日期和标题，从页缘就可以找出需要的笔记内容。

EDGE TITLE "商务用"色彩浓厚，整体页面分为三区块，记录会议、工作内容可以分区段，不浪费纸面又一目了然。虽然刚开始使用时的确照着使用说明边缘涂色，但太太懒散的个性维持不了三分钟热度，涂色的便利性也不如直接贴标签注记，到了使用后期才发现最方便使用的反而是三段式页面，书写无负担、纸质也不错，可 180 度翻开、完全折叠的双圈活页设计，摊开书写容易（双圈的直径较小，书写时不会卡到手腕）、要阅读时叠起节省空间，说时迟那时快，三个月不到也就写完一本。

放弃了页缘分色注记后，改用 midori 的缎面分类贴，低调的颜色不破坏笔记本本身的商务气息，同一个案子的会议都用同一色贴起，的确可以立即找到当日记录，太太的检索之路终于往前迈进一步。

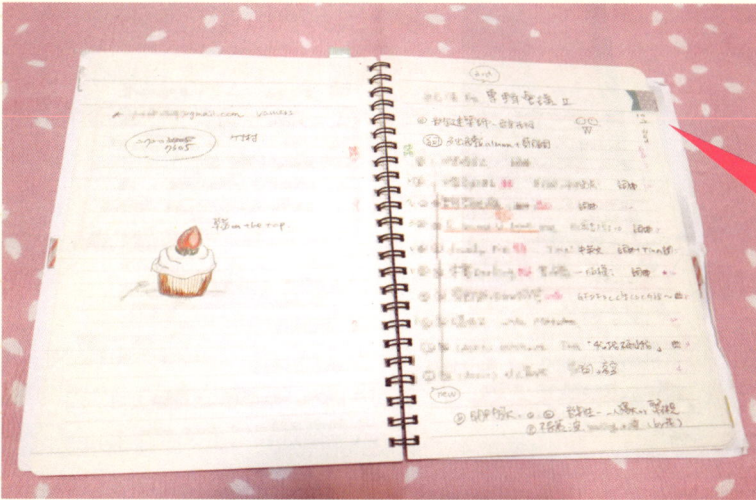

可 180 度翻开的双圈活页设计，摊开书写容易。

改用 midori 缎面分类贴，低调不破坏笔记本本身商务气息，同一个案子会议用同一色贴，方便立即找到当日记录。

三段式页面，书写无负担。

封面贴纸上清楚载明这是一本"为了立即找到想找的记录而生的笔记本"。

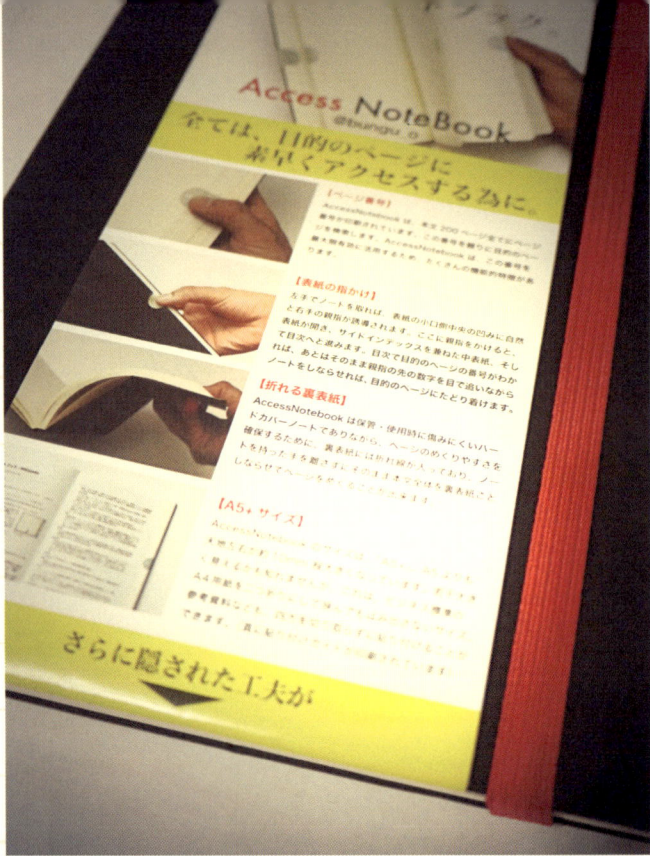

文具王笔记本
Access Note Book

传说中的终极检索笔记，记入后就绝对没有找不到一事，因为这本"搞刚"的笔记本，像书籍一样每页都有页码，还附有多达十页的索引栏，要找不到也太困难！

笔记本的封皮是相当有质感的雾面黑，中央半折的书背则让我想到 iPad 的背套。硬封皮精装的笔记往往难翻，但这神妙的设计却让人可以轻易翻动笔记，只是因此最后一页的目录页年久之后也会产生折痕。

翻开笔记，首页是分类目录，共有十七种分类，无论是应用在工作或私人用途，应该都足堪应付，也可以标注上使用的期限和本数。左下角特地设计直、横两种名片贴附的框线（从这点可以看出偶像文具王对于收纳一事有多一丝不苟，即使笔记本里面没人看得见，但名片贴歪也是不行的！），以防笔记本遗失找不到主人。

索引页每面有二十条栏目，10 页也就是 400 条栏目，对照笔记本共 200 页，不管要写什么分类都绰绰有余。"AccessNotebook"到底有多"搞刚"？除了页面下角有页码，中段半圆型的部分也印有页码，在以拇指翻阅笔记时，不需要一直对照下缘，可以直接辨认页码。除此之外，后页附有 PVC 收纳夹，可放入文件、收据等纸张，光是异材质制本的精细度，就令人惊喜。

目前使用法是当成包装法的记录与分类，无论是收到的礼物、或着是送给朋友的礼物包装，一页写一款，除了提醒之外也当成收送礼记录，另外也用做包装用毛线的分类记录。米色方格内页中线有校正点，贴照片、画线皆可，总之就是规规矩矩地写、整整齐齐地贴。因为每一页都有标题页码，写入的笔记的确再也没有找不到过啦！

笔记本的封皮是相当有质感的雾面黑，中央半折的书背让人联想到 iPad 的背套。硬封皮精装的笔记往往难翻，但这神妙的设计却让人可以轻易翻动笔记。

除了页面下角有页码，中段半圆型的部分也印有页码。

有 PVC 收纳夹，可放入文件、收据等纸张。

索引页每面有 20 条栏目。

目前使用法是当成包装法的记录与分类，除了提醒之外也当成收送礼记录。

用 SHOT NOTE 记下的
大多是花费表、
简短会议等等内容。

用手机对准
memo 纸的四角拍下，
app 软件会自动剪裁、调亮，
宛如扫描般。

SHOT NOTE

　　曾经短暂依赖过的 SHOT NOTE，最后因为手机容量太小（喂）悻悻然放弃。下载专用 app 后，就可以用手机对准 memo 纸的四角拍下，app 软件会自动剪裁、调亮，宛如扫描般。按照格式填好 memo 纸右上角的编号和日期，拍摄时也会自动记入归档，方便日后依标题、标签搜寻。注意拍摄时一定要把四个角的定位标记都拍入，拍摄、分类完成后，日后可以轻易搜寻到。

　　通常会用 SHOT NOTE 记下的大多是花费表、简短会议等等内容，SHOT NOTE 也可按日期检索，若真的想不起用了什么标签，与手帐搭配以日期检索，总能找到些蛛丝马迹，让失忆远离我。

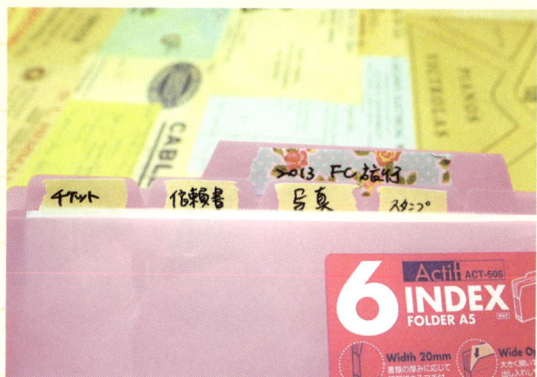

电子机票、演唱会门票和登机证等票券,和申请书、照片、途中盖印在单枚纸张上的纪念章等等,全部都可以详细分类。

SEKISEI 六分类收纳夹 A5

数年来的心头好,没有它几乎无法工作的重要伙伴。应该是 2009 年在福冈的 CUBE 初次买到后,就再也没有离开过它。A5 是 A4 折半大小,也是我对"携带"最大的容忍度,除非天天背后背包的学生,否则上班族要背 A4 档案夹又不折到也未免太困难。六分类收纳夹是风琴夹式设计,每个分类都有索引卷标,最大可收纳至 2 公分厚,除了拿来分类放文件、发票,当成旅游收纳也非常优秀。

比如说,像这样(如图)。FC 旅行的档案夹,包括电子机票、演唱会门票和登机证等票券,和申请书、照片、途中盖印在单枚纸张上的纪念章等等,全部都可以详细分类,一次旅行使用一个档案夹,旅程结束后就直接归档,哪一年进行的哪一次旅行留下哪些物品,井然有序到令人吃惊(这点在收纳店家名片时真的帮助良多,再也不用翻找半天,想不起是何时、哪一趟旅行去的)。

无印良品
植林木
索引便利贴

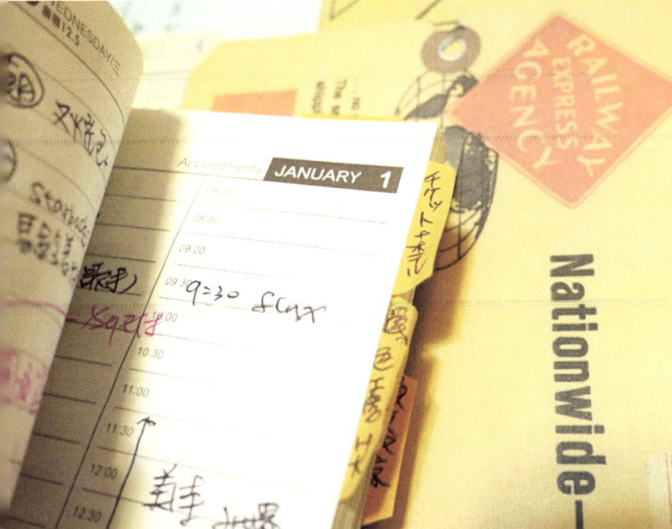

我真的要非常感谢索引便利贴的设计师。仅仅是一点点巧思，就让标记用的便利贴功能大跃进。

四色的便利贴，方便按照用途贴上索引，大多用在我的记账本中，记录一些可怕的购物历程。

例如：mt 粟岛展＋见学买了些什么（！），例如：和同事团购的败物清单，分私人、团购、公务等等类别使用不同颜色，要寻找时立刻就能搜索到所需的页面范围。通常还会在它的背后黏上背胶软磁铁，如此一来，就能直接贴在办公室隔板上，随手取得超级方便！

HIGHTIDE nahe
收纳袋
A6

一向不喜塑料制品的我，不知为何在文具店摸到 nahe 收纳袋，就无法放手了。nahe 是德文"近在身边"的意思，袋如其名，是设计为办公室小物收纳用。

PVC 制的收纳袋颜色鲜明，透明袋面可一眼尽收袋内物品，加上内部有两个卡片收纳袋，旅行时用来装护照、登机证等物品最适。背面也有收纳空间，出差时常丢失登机证的我，有了它之后再也不愁报账时找不到登机证。

About 黑女

深知不可将兴趣变成工作，因此文具始终只是闲暇之余的游趣，可以三餐吃泡面但不能不买文具。关键词是纸胶带／笔记具／手帐，近期沉迷于刻章。真实身分是专业菇农。

Blog： http://lagerfeld.pixnet.net/blog

MILAN 不在意大利！——
热情洋溢的西班牙文具品牌

Text·Photo by Denya

MILAN
since 1918
SPAIN

初见到 MILAN 这个品牌，下意识地一定会以为它是意大利的品牌。但是！NONONO……这是不折不扣的西班牙品牌！白底蓝字的 LOGO，在一排商品里面格外抢眼。九月的时候，去了西班牙一趟，西班牙不是一个容易看到文具店的国家，顶多就是在百货公司的文具部门或是美术用品店，再不然就是书店里，可以寻觅到一点点文具的踪影！不过，MILAN 这个本土品牌，倒是在所有贩卖文具的地方，都可以见到它的踪影。

文具迷们，对于 MILAN 的接触，应该是当初一家 P 开头的日系杂货用品店所引进的，它们家的商品，最有名的就是橡皮擦了！很多人可能会觉得，橡皮擦不过就是橡皮擦啊！还能有什么变化呢？但是 MILAN 就是有办法将橡皮擦变得有趣和多样化，在这个品牌之下，可是有 80 几款的橡皮擦上市。

限定款俄罗斯娃娃，同时拥有橡皮擦和削铅笔器的两种神器，实用度一百分。

西班牙人或许是对橡皮擦情有独钟，MILAN 推出超长橡皮擦上面的 I Love Mistake 字样，有一股浑然天成的幽默感，橡皮擦爱错误，很合理的一层关系，不是吗？

在西班牙的书店橱窗，有整排的经典 403 款巨大橡皮擦，看起来格外壮观与心旷神怡啊！

　　这一次入手的商品当中，最深得我心的是限定版俄罗斯娃娃，它具备有铅笔好朋友：橡皮擦和削铅笔器，两种必备伙伴的结合，只要带着一个俄罗斯娃娃和一支铅笔，就可以行遍天下，不得不说这样的巧思令人喜爱！

　　另外特大的经典款 403（此款为 MILAN 的首卖商品，算是镇店之宝了），米白四方的造型，仿佛像是板豆腐一样的诱人伸手，一口气入手三块也不为过。其他还有各式不同用途的橡皮擦，每一种都有其忠实支持者。

　　但其实创立于 1918 年的 MILAN 不是只卖橡皮擦，从原子笔到计算器都是它的产品线，连粉笔都是它们的一个品项，可说是相当受到西班牙人喜爱的一个本土品牌，只是广为人知的是橡皮擦。它的原子笔造型相当简洁，笔杆全身上下只有一种颜色的设计，也极为利落，其他商品也都维持着一贯多彩但单纯的配色方式，让人不由得喜爱这个来自欧洲却显得热情的文具品牌。

　　不过 MILAN 也不是只有单色的文具，旗下同时还有不少系列商品，从花俏的插画图案到干练的大人风格，一应俱全，完全可以满足各种年龄层的需求和喜好。下次去西班牙，别再以为欧洲没有好文具！ MILAN 的商品绝对是值得入手的一品，价格亲民，具质感的设计，绝对是喜欢简单文具的朋友最适合的一个文具品牌。

About Denya

人生无文具不欢，喜欢活版印刷的手感，热爱限量版的独特，喜欢老派经典的质感，欣赏创意无限的惊喜！
典雅文具铺　 Denya.SW
http：//www.denya-sw.tw

特大的经典款 403，米白四方的造型，仿佛像是板豆腐一样的诱人伸手，一口气入手三块也不为过。

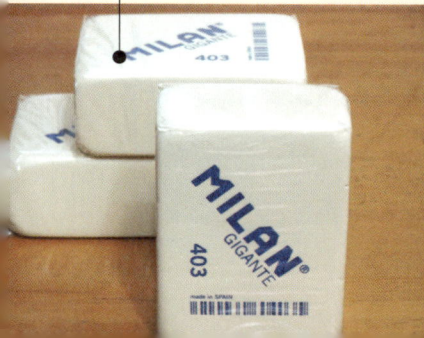

原子笔造型简洁，笔杆全身上下只有一种颜色的设计极为利落。

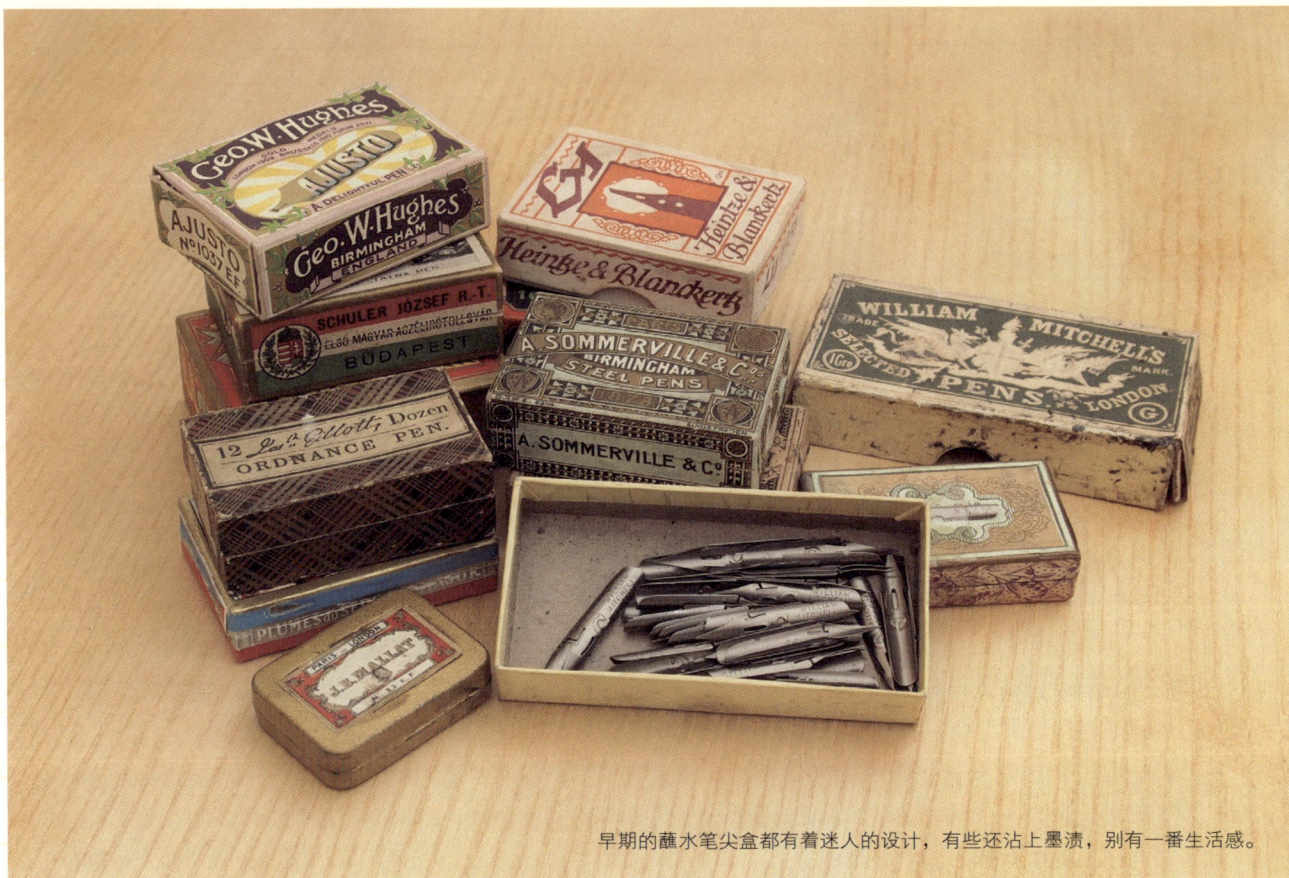

早期的蘸水笔尖盒都有着迷人的设计，有些还沾上墨渍，别有一番生活感。

回归原点、体验书写乐趣——
蘸水笔的种种事情！

Text · Photo by Tiger

　　世界朝向数字化发展，有些文具虽然风光不再，但有些文具却又受到重视。这或许是一种对于数字化盛况的反动，也或许是在这样的环境下，属于"旧时代"的文具反而让人感到新奇。但也可能是书写时间少了，有机会就想尝试正统的书写方式，例如铅笔、钢笔，甚至是蘸水笔。

　　西方书写工具代表——蘸水笔的历史非常悠久，丝毫不逊色于中国的毛笔，而且直到现在仍有人将它作为日常书写工具。从蘸水笔演变而来的钢笔更不用说，或许您自己都拥有好几支。

　　蘸水笔最早是以芦苇或是竹子制成，在古埃及时代就已经开始使用，从发掘出来的遗迹中就能看到不少使用芦苇笔书写的文字，而且芦苇笔的外型几乎就与现今的蘸水笔相同，甚至也有引导墨水的槽线。

　　后来芦苇笔经历一些演变，为了改善笔尖耐用程度以及寻找更适合书写的素材，因此又经历了一次以鸟禽羽毛制造的变革，例如常见的鹅毛笔，最后终于在19世纪发展出金属制造的笔尖，从此确立蘸水笔的样貌。

鹅毛笔的笔尖需要手工削出。此外，与我们印象中的鹅毛笔有一点很大的不同就是，古人所使用的鹅毛笔已经去除大部分羽毛以减少空气阻力。

蘸水笔尖以金属制作之后，开始有了飞跃性的发展。以往由于材质之故，无法在笔尖上有太多变化的限制被打破后，首先看到的改变就是外型。我们可以看到笔尖变得多样化了，有些刻上华丽的花纹，有些被赋予奇特的造型，例如以巴黎铁塔为外型，或是以手指为外型的笔尖。

拥有各种特性的蘸水笔尖，则是改以金属制造后所带来的最大变革，而这也为蘸水笔尖带来更多书写乐趣。笔尖的加工方式可以让写出的线条有各种粗细变化，也能让笔划有方、圆等不同外型，光是这两种特性互相搭配之后就能组合出相当多种笔尖，因此早期的蘸水笔尖选择性非常的多，甚至一整套下来多达三四十种笔尖。而且这还不包括让笔尖更有弹性的设计以及特殊用途笔尖（例如画五线谱用的笔尖），蘸水笔可以体验这么多种的书写乐趣，这应该也是它迷人的原因之一吧！

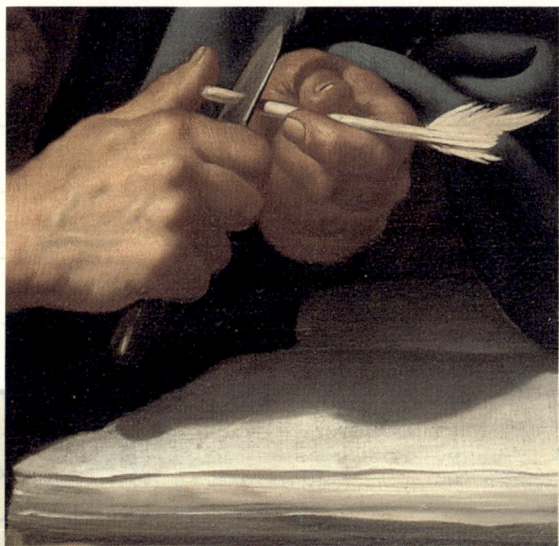

←芦苇与鹅毛都是早期制作蘸水笔的主要材料。

手指笔尖。

SLIDER 2011

SLIDER 2011

我的蘸水笔尖收藏至今应该有数千枚了，然而最令我头痛的不是挑选哪一款来使用（虽然这也是个问题），而是笔尖的保存问题。由于我收藏的笔尖都是古董尖，最老的已有 100 年以上的历史，在经过这么长的时间之后，许多笔尖都已经锈蚀，再加上台湾的气候潮湿，也不利于笔尖保存，因此只好全部住进防潮箱里，平时也不会随便拿出来欣赏，有点埋没它们了。但是对我来说古董笔尖的另一个收藏乐趣在于笔尖盒。

　　由于早期笔尖都是整盒贩卖居多，因此会以一个如火柴盒般大小的纸盒装着，不过也有例外，偶而可以看到比正常尺寸大上两三倍的"巨无霸"盒子。除了纸盒以外，金属盒也颇为常见，而它们之间的共通之处就是盒子会印上美丽的图案。不论是人物、动物或是风景，甚至是著名的历史事件，都是盒子上常见的印刷内容，就算只是印上文字而已，我也经常会被那些编排精美、华丽设计的文字折服，甚至有时候根本就是冲着盒子好看而收藏，这种情况应该跟热衷于收藏火柴盒的玩家相似吧！

　　玩蘸水笔或是玩钢笔的人大多也会对墨水以及搭配的纸张感兴趣，不过我算是比较另类一点，玩了一阵子之后就不甘于市售商品而兴起自制的念头——这大概也是蘸水笔的特色吧！因为原始、简单，所以有些周边是可以透过自制来完成的。我首先制作的是整支以木头制成的蘸水笔杆（连同笔尖夹具都是木制）。由于是为自己量身订做，因此使用起来比较顺手，制作时也加入了在一般书写工具中常见的低重心设计。另一个自制的则是墨水。虽然市面上已推出可自行调配墨水颜色的套件，透过套件所提供的几款基本色来混和出独自的颜色。不过我这款墨水则是从原料准备、一直到"熬煮"都是自己来，虽然仍有一些小问题（例如流动性太好）等需要修正，但是整个过程有点像是在做科学实验般充满新鲜感！

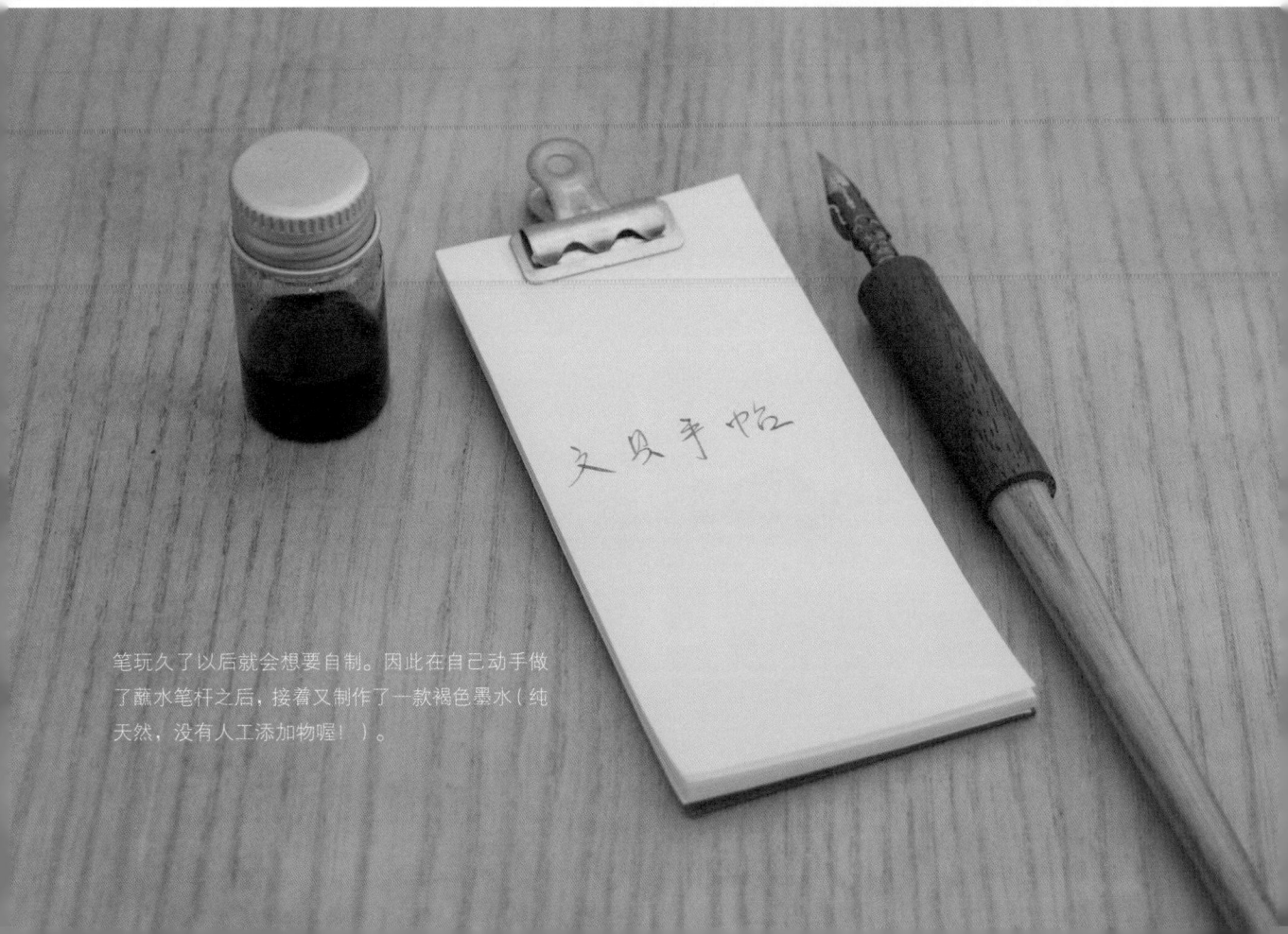

笔玩久了以后就会想要自制。因此在自己动手做了蘸水笔杆之后，接着又制作了一款褐色墨水（纯天然，没有人工添加物喔！）。

早期经常可以看到这种成套贩卖的蘸水笔组，搭配上各式笔尖。这些笔尖几乎已能应付所有日常书写的需求。

　　对于接触钢笔已经好一阵子的朋友来说，都知道钢笔笔尖当中有些使用难度很高，不容易控制，但是在蘸水笔的世界里，不容易控制的笔尖反倒像是家常便饭般，一点也不稀罕；再加上许多蘸水笔尖都没有铱点，因此刮纸更是如影随形般地伴随在每一次的下笔。如果自认在钢笔上已有不错的掌控能力，使用蘸水笔之后应该会有些挫折，然而若能熟悉蘸水笔的使用，应该可以书写出更有变化的线条，让文字的表情更丰富。此外，对于喜欢玩墨水的人来说，蘸水笔清洗方便，沾完墨水后用面纸擦一擦就可以立刻换用其他颜色墨水，这种便利性是需要清洗墨槽的钢笔所不及的，再加上它的价格便宜，同时购买多种笔尖也不会大失血，因此除了需要花更多时间练习以及注意防锈这两点之外，对于对书写有兴趣的朋友来说，我认为蘸水笔是能够体验书写乐趣的最佳工具了！

About "文具病" Tiger

文具病部落格主持人，也是文具与旅游作家，最近又多了文具店老板、文具设计师的身分。所设计的文具陆续在"直物生活文具"中推出。
文具病：stationeria.net
直物生活文具：plain.tw

台湾钢笔巡礼：
侧写福福钢笔爷爷！ Text · Photo by Sam

　　第一次看到赖义山爷爷的人，绝对不会相信他八十二岁了！衬衫、领带、西装裤的专业穿着，加上中气十足的"你好"跟笑脸，马上就能让你融入这家开业将近一甲子的钢笔老店。

　　赖爷爷是土生土长的花莲人，花莲高中毕业后，因为身体原因，没有继续升学，在环境困苦收入微薄的年代，决定自己做生意来拼一下，在换过几个行业后，因为亲戚在屏东开文具店，所以尝试着批了一些文具在花莲贩卖，也兼卖"爱国奖券"，经营得很辛苦，后来另一位长辈提醒他，钢笔是很好的笔工具，并从台北买了一些钢笔跟零件给他，于是，"福福钢笔"在1968年诞生了。

　　我问赖爷爷，为何取名作"福福钢笔"，他笑着说，奖券会给人带来福气，钢笔也会给人带来福气，福上加福，就是福福啦！哈哈哈！

　　钢笔文具，在当时是很冷门的行业，所以赖爷爷非常努力，每天早早开门，晚晚打烊，全年无休，这样以店为家的习惯，一直到现在都还是一样。问他经营上辛不辛苦，他说从来不觉得生意有好过。问他会不会累，他说："喜欢就不会累，如果退休不做，才会不习惯，也不知道要干什么。目前这样很好，每天跟客人聊钢笔，帮客人把坏掉的钢笔修好，我很开心。"我知道他是真心这样说的。

　　维修钢笔是赖爷爷的强项，因为在贩卖钢笔的过程中，总会遇到客人的钢笔故障，赖爷爷认为钢笔是很耐用的书写工具，爱物惜物，希望能尽量把钢笔修复，让客人能继续使用，因此在钢笔维修上下了很大的工夫，除了自行拆解各式钢笔研究内部构造外，也多方查询钢笔设计信息，因此只要钢笔有问题，找赖爷爷，一定能够修理好，福福钢笔也是目前少数能够维修钢笔的店家。

　　赖爷爷从维修经验中，累积出判断钢笔制作好坏的功力，一方面是如果重复修理某款钢笔，那就代表该笔坏掉的部分，设计上有缺陷，另一方面也因为长期接触各国品牌钢笔零件，更可以深入了解各品牌在设计上的优缺点。零件的精细跟粗糙，是骗不了老师傅的眼睛的。他笑说，台湾如果有想要制作钢笔的公司，应该先来跟他聊聊，制作好的商品也可以先让他测试，保证可以减低失误

↓ 赖爷爷使用快四十年的钢笔。

↓ 刻字，真工夫，一字都不能错。

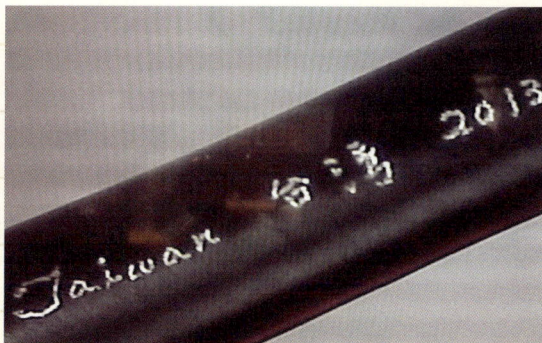

←原厂提供整套维修工具。

的几率。最近赖爷爷得到了一项钢笔双面书写的专利，我很好奇这个部分，因此特别跟他讨教一下。

原来大约在 40 年前，赖爷爷就注意到钢笔原始设计上的特点，由于钢笔是西方传统的笔工具，是以西方文字为基础所设计的，所以一个型号的笔尖，写出来大致上就是相同的粗细，使用上也要用一定的方式才能出墨。他觉得这个部分有点可惜，想说能不能用什么办法，让同一支钢笔能写粗也能写细，增加书写效率。因此不停地拿笔作研究，大概用了五六百支笔，加上长时间的测试，终于技术成熟，并且在去年申请专利通过，这样的研究精神跟毅力真的很令人敬佩！

另外，赖爷爷徒手刻字的功夫也是一绝，如果是有纪念意义的笔，他会建议客人刻上时间。在现在笔店多以雷射雕刻机来刻字的时代，爷爷还是用手工刻字，在店里有亲眼看到他在一段笔身上刻了将近 30 个字。这手硬功夫，现在应该没几个人会了。

福福钢笔从 1956 年开店，到现在已经走过五十八个年头了，这个时间的可贵，一般读者可能不会了解。让我来解释一下，现在还存在的世界知名钢笔品牌，如帕克、万宝龙、百乐等等，成立时间大约在百年上下（近几年陆续都有出百周年纪念笔）。福福钢笔等于经历过钢笔世界最精华的一段时光。各品牌在台湾的开始、营销、成功、失败，爷爷几乎都有亲身参与过。换句话说，赖义山爷爷就等于是台湾钢笔历史的一本活字典！

有机会到花莲玩的朋友，除了游览花莲的好山好水外，不妨到福福钢笔店走走，除了跟乐天知足、笑口常开的赖爷爷聊天外，也可以在店里寻宝，在古意盎然的笔柜一角，可能有意想不到的绝版钢笔躲在里面喔！

About "林文栋" Sam

中年开始迷恋钢笔，从此一发不可收拾。
从拆解钢笔，研究钢笔与写字的关系。
越玩越入迷，有朝一日要制作自己设计的钢笔。

玩布印像！
手作族最想知道的用印小技巧。

Text・Photo by Peggy Lee

相信很多朋友都已慢慢体会到艺术印章的美丽与好用，手边不论是自己手刻或是购买的印章应该也累积不少了吧？不过，您是不是只曾经在纸上盖盖图案，做做书签卡片而已呢？如果是的话，那就太可惜了！其实，艺术印章这个东西就是一个现成刻好的图案。图案，当然可以出现在各种对象上，只要用对方法。因此，在国外的手工艺界，从纸艺、相本美编、拼布、蝶谷巴特、手工皂、刺绣，到拼贴艺术、皮雕、金工、珠宝设计……都能见到印章的运用。纸艺（Papercraft, 包括卡片）和相本美编不用说，这几年更风行的，便是印章与布料，甚至是多媒材的结合应用。这篇文章就想和大家来谈谈布料和印章怎么玩。

做卡片的人，缎带蕾丝是基本配件，因此有阵子 Peggy 还蛮常逛永乐市场的。后来迷上做艺术手札和多媒材，就常在布店里穿梭了。每次逛的时候，看见那些漂亮的复古布，心里都忍不住嘀咕：这图案，印章里就有啊！ 1 码 450 元，只能用一次，我买颗章可以用一辈子了！

嘀咕归嘀咕，遇到漂亮的布还是会买啦！但是有些布真的可以自己买棉布来盖。此外，手作一些袋子、家饰、书衣、旧衣改造，甚至是家里办派对时，在织品上盖点图案，不仅操作方便，也能为作品添加一些独特性，其实是很值得大家一试的方式呢！不过布料毕竟不同于纸张，要盖得好看还是有些眉角须要注意的。

布料的选择

在布上盖印的基本要求和纸张一样，必须有一个平滑平整的表面才能盖得漂亮。因此，选布料的时候，有几个重点要注意：

1. 平滑度：尽量以布面细致平整为佳，不要过于粗糙，或是有绒毛、长毛、凸起的图案等，所以缇花布、绒毛布、帆布、不织布等，都会造成盖印上的困难。

2. 材质：一般布制的作品通常会有"可水洗"的需求，因此，能够使用在布上的印台或是颜料不是要有防水的功能，便是会在配方上加强颜料与布纤维的结合度，使其不易掉色或变色，所以，像棉、麻、丝等天然材质，会使得颜料的附着较稳定，同时，布料也应该经过去浆的步骤，以利颜料的结合。

3. 颜色：盖印毕竟不同于机器印刷，越是天然无任何表面处理的布料，越容易吃色，相对的，无论是图案的饱和度或是颜色的鲜艳度都会打折扣，所以，选择布料时，除了细致度、材质等等之外，最好避免使用颜色过深，或是已有鲜艳印花的布料，浅色系，尤其是未经处理的原色胚布是最适合的了。

Fabrics

一般常用来与印章结合
应用的布料

防水布。

棉布。

布。

印章图案的选择

　　不管如何细致的布料，
难免会有些许的纹理，进而影
响盖出来的图案的清晰度。因
此，在选择印章时，应该尽量
挑选图案较简单，线条略粗，
刻痕较深的印章。而无论是橡
皮章、泡棉章、水晶章或是橡
皮擦章、胶版章，只要图案符
合上面的条件都可以使用。

颜料的选择

　　如前所述，由于布作品的特殊性，通常在布料盖印上最常使用的，便是可防水的印台与亚克力颜料。

1. 印台：可防水的印台细分为两大类：盖印后立即可以防水的，如 StazOn，以及需要经过加热定色步骤的，如布用印台，Tsukineko 的 Versacraft、Fabrico 印台，或是 Ranger 公司的颜料系印台，ClearSnap 公司的猫眼 Chalk 印台等都是（请见左图）。

2. 此外，还有一款特殊的水消印台与水消笔，很适合拿来盖印之后，作绣缝或贴布绣的处理。

3. 颜料：通常以亚克力颜料为主，如要避免布料在上过颜料之后过于僵硬，可酌量添加布用调合剂，或是利用布用调合剂混合珠光粉末，自制珠光颜料，都是在布料上盖印或是上色的好方法。

各种亚克力颜料。　　　　布用调合剂与缓干剂（避免因颜料快干而造成盖印的颜色不均）。

印台的使用方法

　　在布上盖印最方便的工具便是印台，打开－拍上－盖下去，不用剪纸型，不用洗笔洗调色盘，多好！不过印台的种类很多（相关文章请见《文具手帖：夏之记忆！》），由于布料属于易吸水的表面，加上纤维较长，如果使用太湿润，或是水分较多的印台，便容易出现毛边现象。因此，建议使用颜料系的印台，而不用染料系的印台。如果有水洗需求，就必须选择布用或是可加热定色的颜料系印台，其中又以布用印台的颜色较稳定饱和。

盖印前的准备

1. 先将布料去浆洗净晾干之后烫平。
2. 准备一块厚纸板或是印章垫，以便将布料平放在上，或是放入 T 恤、袋子中间，以防印色透过布料沾污下层的布面。

布用印台（或加热定色印台）的使用方法，浅色棉布适合用印台来盖印，须准备的工具如下：

1. 去浆过的布料
2. 布用印台
3. 适合的印章
4. 熨斗
5. 空白的影印纸

使用步骤

1. 将印台均匀拍在印章上。
2. 小心将印章盖在布上，注意施力的大小，越粗糙厚重的布料可能需要多施一点力（有关盖印的方法请见《文具手帖：燃烧手帐魂！》）。
3. 将熨斗预热，热度设定在棉布，蒸气熨斗请关掉蒸气功能。
4. 在盖好图案的布面上覆盖一张干净的影印纸（千万不要使用有图案或文字的回收纸），以保护熨斗不被印色沾污。
5. 将预热好的熨斗在布上分区压烫，每一个地方至少停留 15 秒以上再移开，以便印台中的化学成分能产生作用。
6. 烫好的布料可以进行下一步缝制，但请等待至少 72 小时再下水洗涤。

1.　2.　3.　4.　5.　6.

利用颜料来盖印

布用印台虽然方便，但是图案的饱和度与鲜艳度有时仍令人不太满意，根据品牌的不同，有时还是难免有褪色或甚至变色的情形，颜色选择也较少。如果遇到花布或是深色的布料，印台往往很难盖出鲜明的图案，尤其是白色与金属色。此时我会比较倾向使用亚克力颜料。亚克力颜料不仅不需加热便能够防水，还可以在布料上自行设计不同的背景，颜色更多，价格也更亲民。

准备的工具

1. 布料。
2. 亚克力颜料。
3. 布用调合剂或是缓干剂。
4. 海棉刷（美术社可购得，俗称猪血糕）或滚轮。
5. 调色盘与水。
6. 印章，尽量挑选设计简单，线条较粗的图案，几何图案效果最好。
7. 吹风机或热风枪。

使用步骤

1. 挤出少许亚克力颜料在调色盘上。

2. 海棉刷沾水后，把颜料调开。注意颜料一定要均匀刷开，水分不可过多，以免图案糊掉。

3. 将颜料轻轻拍在印章上。

4. 小心盖在布料上，注意不要施力过重，否则图案线条会呈现外粗内薄，颜色不清楚的窘况。

5. 再将外框线条拍黑色颜料，套印在图案上。

6. 盖好图案之后用吹风机或热风枪吹干即可。

7. 也可以在颜料中加入布用调合剂。

8. 盖好之后必须按照使用说明，一样利用熨斗进行热处理。

小叮咛

因为亚克力颜料干了之后便难以清洗，所以印章必须在盖印过后立即用清水洗净，也因此，使用的印章材质最好挑选可以水洗的草皮章（没有海棉与木头的橡皮章）、水晶印章或是泡棉章。

特殊布料的盖印

一、防水布

防水布因为上面有一层防水的塑料薄膜，既不能吃墨，也不能加热，因此必须使用溶剂型的 StazOn 印台。

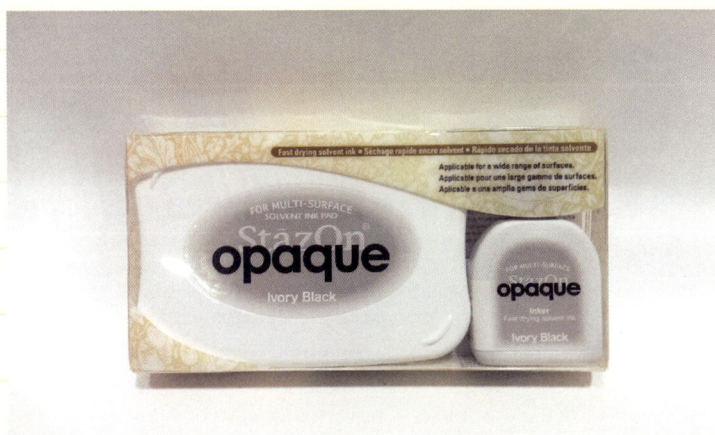

这是新款的 StazOn 颜料系黑色印台，比起传统的染料系黑色颜色更饱和。

使用步骤

1. 先依照说明，为印台添加墨水。
2. 将印章拍好颜色后，小心地盖在防水布上。
3. 等印色干燥之后即可使用。

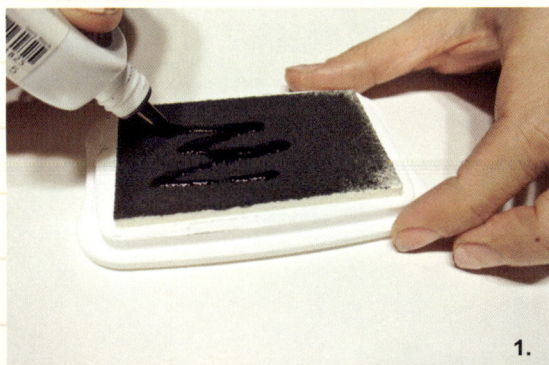

1.

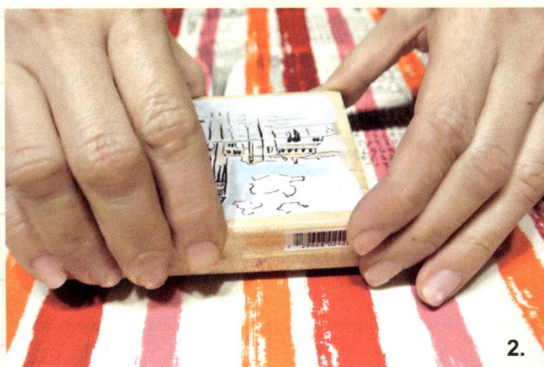

2.

3.

绒布烫印法

　　绒布因织有一层绒毛，使得它不利于用印台或颜料盖印。但是却可利用熨斗热压的方式，将图案"印"出来。

使用步骤

1. 使用材料为绒布，橡皮印章（选择刻痕深，线条粗且简单的图案，切勿使用水晶章）、熨斗。
2. 熨斗温度调至高温，将印章图案面朝上，绒布面朝下放在印章上。
3. 将预热好的熨斗用力压在印章上，持续约 5 秒钟。
4. 烫好的图案就像这样。
5. 也可利用字章或是字母章制作布标。

1.

2.

3.

4.

5.

小叮咛

1. 因为这个技巧会使印章直接接触高热，因此并不适合使用橡皮之外材质的印章。同时，为免印章受损，同一颗章也不要在短时间内重复使用太多次。
2. 由于绒布的种类繁多，并非所有的绒布都能成功，因此在制作之前一定要先试过。示范中所使用的，是进口的丝绒织带，绒毛较厚实有弹性，呈现出的效果也最好。

　　虽然利用盖印的方式所呈现出的效果，不及机台所印制出来的鲜明饱和，但却多了一份手作的质朴感与独特性，如果再搭配手染或是绘制等等方法，不仅更具艺术感，在创作时也能更加自由，有机会的话，希望大家都能试作看看喔！

About Paggy Lee

美国 Ranger 公司认证教师，因为一瓶颜料而踏进彩印的世界，对于所有这里抓一点，那里加一点、"呼！"就会变出一幅好风景的事物都很有兴趣。

博客：Createdfromheart

http：//createdfromheart.blogspot.tw/

https：//www.facebook.com/peggyleetwn

green

MERCHANT & MILLS

WIDE BOW SCISSORS

Carolyn N.K. Denham

PATTERNS NOTIONS CLOTH TOOLS COURSES

Cover Story

封面故事

黑色、白色、红色、橘色、黄色、绿色、蓝色、粉红色……
最爱什么色？
达人们的文具收藏里有着你寻找已久的逸品？
好想把最爱颜色的文具品，一次全收齐？
推坑、劝败不良示范文，小心患上色系文具强迫症！

作者群：黑女·Chia·柠檬·柑仔·Denya·Mia·Tiger·潘幸伦
摄影：王正毅

BLACK

黑，无可救药的偏执！

Text by 黑女

不知从何时起，便习于在黑色的海洋中泅泳。源于光线折射与吸收，颜色多有深浅，但能够进入肉眼的可见黑色，却仅有一种。单一而谧静、纯粹且绝对，恒常不变、深邃的黑，来自宇宙创始之前，甚至较时间本身更久远。即使衣橱中有一百件彩色 T 恤，最常穿的永远是黑色那一件；连昵称都不知怎的与黑扯上关系，被朋友叫成了"黑女"。

关于颜色的偏执，也就这样决定了。

收集亦然。黑色虽然只有一种，材质上触感上却又有难以想象的、如同繁花盛开的分别。不是都说"色即是空"吗？然而却不，塑料俗丽的黑，金属冷冰的黑，亮面漆皮夸耀的黑，染色皮革内敛的黑，布料的黑，橡胶的黑，带有闪闪金葱亮粉的黑，极尽奢华艳泽令人不忍释手的黑。其中最喜爱的是雾面黑色，无论搭上金银都美，抚触那些温润就手的物体表面，内心彷佛也因此获得平静。说来也奇妙，对于物品之恋眷，非要什么颜色不可的心情恰巧成了对比，平静与执着其实一线之隔。

一直以来的信念是"文具买来就要用"，至少也得开封试用，才知是否适合自己，若不幸遭打入冷宫，也就当做收藏。于是热爱的黑色文具大多是使用中的品项，少数小心翼翼藏于收纳箱盒中的友人赠物或收集物，则像是保存了某一段时光或年代断片的标本，舍不得打开，只怕一接触空气，回忆便会迅速氧化。

01

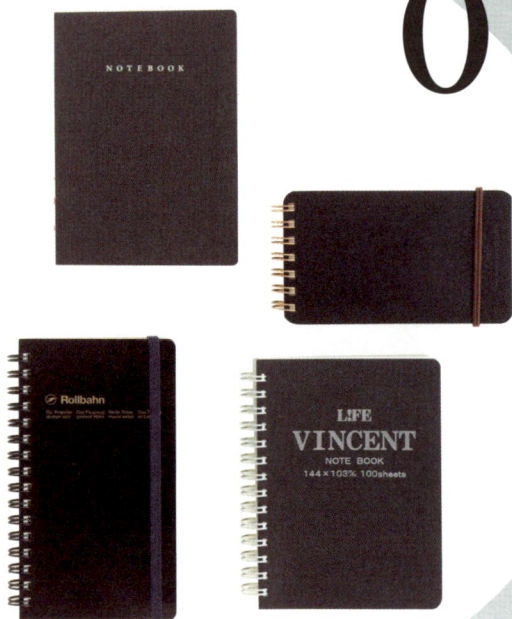

记录的黑。

曾经因为着迷于 RHODIA 的黑色线圈 A6 笔记，一口气写完超过半打。左上是 Mark's 的 TRAVEL!FE 黑色笔记，右上是 midori 出品 Meister 上质线圈黑色皮革笔记，内页是好写的 MD Paper，还分横行页与空白页，太令人感动。L!FE 社的 Vincent 笔记和 Delfonics 社的 Rollbahn 笔记也是我热爱囤积的对象，封面当然选黑色。

优雅的黑。

英国裁缝品牌 Merchant & Mills 黑色线剪，在日本文具杂志上见到，便一见钟情。一度冲动想跨海下订，感谢礼拜文房具进口台湾，如今可现场购买或网络购入。

03

02

万年的黑。

左至右分别是名家黑色雪花钢笔、LAMY SAFARI、Pilot Elite 黑色钢笔和 Pelikan 的 M205。已经绝版的名家钢笔购于网络拍卖，有一阵子着魔般爱上老式样的平价钢笔，每天不搜寻网拍到半夜不甘心，它们的美丽，也是值得。M205 是搭配 TRAVELER'S notebook 的日常用笔，几乎不需磨合、立即上手的流利书写感，一口气写完半本护照 size 也不成问题。

小学生的黑。

Zebra 2 号自动铅笔。在京都的"a little beaver"文具店挖到黑黄两色各一支，0.7 笔芯、简洁的设计、略短的笔身，完全击中我的心。上网查阅才知是日本未发售的海外式样，立即托赴美出差的友人代购，直接入手一打。

04

05

书写的黑。

为了拍照仔细整理，这才发现日常使用的多是雾面黑色铅笔或自动笔。皇冠造型的铅笔是亲友 K 子从西班牙 Alcazar 带回的礼物，雾面黑搭上沉甸甸金色皇冠，美得非凡。好写的 Palomino 飞马牌铅笔、Kaweco Special 自动铅笔全是雾面黑色。Zebra 的 Color Flight 黑色蝴蝶结自动铅笔那俏皮模样反而成了其中特例。

06

记事的黑。

左起 Tombow 双头彩绘毛笔、uni0.38 水玉中性笔、Mark's TRAVEL!FE 黑色原子笔、Pilot Frixion Slim0.38、Tombow 气压随写笔 Airpress、ORANGE AIRLINES "Message Pen"，这款原子笔共有 12 色，笔身上写的励志小语都不同，黑色款写的是 "The morning always follows the dark of night"（黎明总是紧随黑夜来临）。

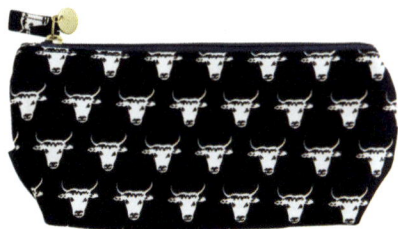

好牛 B 的黑。

法国印花布料品牌"Souleiado"的黑色牛头笔袋。原本是在采购 Souleiado 纸胶带，但不知不觉就逛起了其他品项，收到纸胶带后，因印刷颜色比网站上的布样深，使用起来效果不如预期，反倒是笔袋的牛头与黑白配色更讨喜。

盖印的黑。

台湾印章大厂"SHINY"新力牌的小赠品——迷你印章钥匙圈，似乎每年会推出不同颜色，在每年的文具展中不时可以随着 DM 获得。2013 年是黑色，感谢友人 S 相赠。

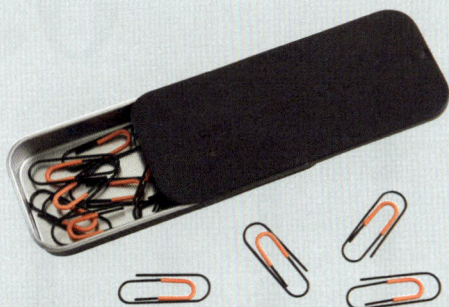

切断的黑。

NICHIBAN"直线美"胶台迷你版。能够切出笔直切口的"直线美"一直是文具控梦幻逸品，但一台重达 1.4 公斤，总是让人却步不前，只有先买廉价的迷你版过过瘾。内径尺寸意外和网购买错的 3M 出品 15mm 宽胶带相符，有种赚到的感觉。

奢华的黑。

Mark's 的 R E·FIN[E]D 回形针，特殊的 15 度角设计，更方便拿取，我为了抢先体验这微小的不同，硬是在诚品咬牙购入，一盒要价 405 台币，堪称回形针中的爱马仕。

微黏的黑。

近期着迷不已的 Kanmido 便利贴"cocofusen"。可单独取下、包装附有不伤纸背胶，便于黏贴在手帐、书本中的超薄便利贴，别家厂牌不是没有，然而能做到便利贴的颜色柔和不失醒目、撕下又不残胶，才是 cocofusen 深得我心的主因。

歌唱的黑。

好友结力赠送的礼物，"+d"的小鸟型"Birdie"拆信刀。就像旅居东京的早晨，往往在乌鸦叫声中被吵醒，我们总试图在地球的他方过着东京生活。见到它，像在提醒我记得时不时写一张明信片、一封短信给对方。

手帐组合的黑。

堪称"多色笔失心疯"的一张。除了左一无辜遭受牵连的
Tombow 双头油性签字笔外，全部是多色笔管。分别是 Pilot
coleto 5、uni style-fit 与恋爱魔镜合作笔管、uni 限量 5 色
水玉笔管、ZEBRA Prefill 涩谷 loft 限定星星笔管、uni3 色
KITTY 合作笔管、uni style-fit "meister" 雾面黑 5 色笔管。

迷你薄型的黑。

Tombow 的 600 系列薄型原子笔、自动笔组是被文具病
收藏长草，bc 是原子笔，sh 是自动铅笔，在日本 Y 拍标
下。巧合的是，与它们同为超薄系列的 636eh 橡皮，机
械构造与右三的 SEED 社 "Slendy" 橡皮几乎一模一样，
不禁怀疑当年或许是由 S 社代工。

机能性的黑。

Pilot 的 Frixion（左一）商务版全黑笔身甚得我心，随岁月
磨去外层的雾黑，日渐显露笔盖内的黄铜金属色。右二的
Rotring 水性钢珠笔 "xonox" 从台湾中部的老文具店掘出，
老板一支只卖我 10 元。已绝版的它以针芯制图见长，书写起
来有种搔刮纸面的快感。

About 黑女

深知不可将兴趣变成工作，因此文具始终只是闲暇之余的游趣，可以
三餐吃泡面但不能不买文具。关键词是纸胶带／笔记具／手帐，近期
沉迷于刻章。真实身分是专业菇农。

Blog：http://lagerfeld.pixnet.net/blog

WHITE

白，静默无声的闪耀色彩！

Text by Chia

其实之前根本没有意识到自己会有这么多白色文具。某天整理整理着，才发现原来他们竟然占了好大的分量。

试着分析，回想当初在选购时的心情，其实就是觉得白色最显眼。尤其当产品有琳琅满目的颜色 lineup，每个都争宠地炫耀自己的色彩时，反而让我感到无声静默的白的强大，就这么无意识地入手了这许多的白。

从光谱上来看，白色是完全反射，没有"色相"，只有明度和纯度的分别。也常有人说白色单调乏味，可是现实生活中的白色和其他任何颜色一样，因彩度、明度还有材质的不同，而有许许多多的面貌。我喜欢瓷器温润的白，喜欢云朵松散的白，喜欢隐约透光的象牙白，也喜欢掺杂些许杂质些许淡黄的米白；喜欢纯净厚实的钛白（Titanium white），喜欢石膏粉灰的白，还有大理石白、乳白、日光灯白、许许多多不一样的白！

是偏心？总觉得白色在设计上也远比其他颜色困难。如同国画里的留白一样，如何不画任何东西，不上任何颜色，用空白设计甚或当成主轴，反而是一种更深的学问，让我对它们又多了赞叹与欣赏。

这些白色的文具常给我开阔的感觉，使用时可以让我冷静。唯一的坏处是，真的相对地容易脏，且脏得明显，使用上因此要多留意。连 Moleskine 的笔记本，即使已经采用油性处理的布料做成防水封面，用久了彩度还是会降低。如果个性属于较大而化之的人，常敲到、撞到，那就尽量不要在意它们的干净度。有时候使用久了，从纯白变成泛白甚至泛黄，或是一些小瑕疵，就温柔地欣赏它们，因为它们和战士的伤疤一样，是功绩彪炳的注记，是你创造的独特手感呢！

Bic Holder Pen for Orange. 白

在美国时认识了 Bic，它是定番的便宜笔（相当于我们的英士或 SKB 吧！）有稳定的出水量且价格非常亲民，因此是商店及各大办事处等，让人签信用卡或随手取用的平民笔。它出身法国，最经典的一般款是黄色笔身加蓝色笔盖，但这样的外壳很难摆脱便宜的印象，因此有了特制的"外套"，把一般 Orange Bic 放进去，就成了白色 Bic，好贴心！

NT Cutter 美工刀 A-301RP. FA-120P

NT Cutter 美工刀最经典的就是铁银色的外壳，深得工程师们的心。但假掰（及贴心）的日本人怎么会放过这样的机会？当然推出各色美工刀壳。白色的美工刀好像杀伤力有降低一点？

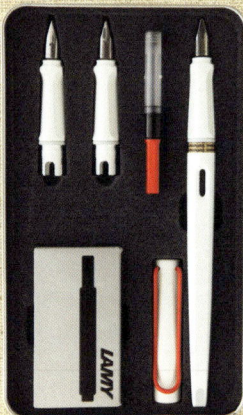

LAMY Safari. LAMY Joy 限量

有名的 LAMY 应该不用多做介绍，它有完整的各色 lineup，每年也会推出经典色款。第一支入手的是白色狩猎款（Safari），除了是对白色的喜好，最大的原因是用它来练习英文书法（而不是画工程图），感觉特别优雅相配。今年初看到诚家书店独家全球喜悦限量版，再度沦陷，完完全全被红色笔夹配白色纯净笔杆的设计吸引，就带回家了。

Moleskine Legendary notebook 白

这是打破一般印象的白色 Moleskine。这款经典的笔记本，基本款式是黑。但近年来发展出多个产品线，出了很多主题结合系列和专职功能的笔记本，颜色当然也就多了。喜欢它简约简单地承袭传统，不啰嗦的白色外装。

Lihit Lab Aquo Drops 口袋笔记本

Lihit Lab 的 Aqua Drops 系列有十种颜色，强调随个人喜好多彩的设计，一定不会漏掉白。白色笔记本之多却特别介绍这一款，是因为即使是口袋 size 也有活页环，随喜好选择封面和内页，设计追求的是"自由自在"地交换！

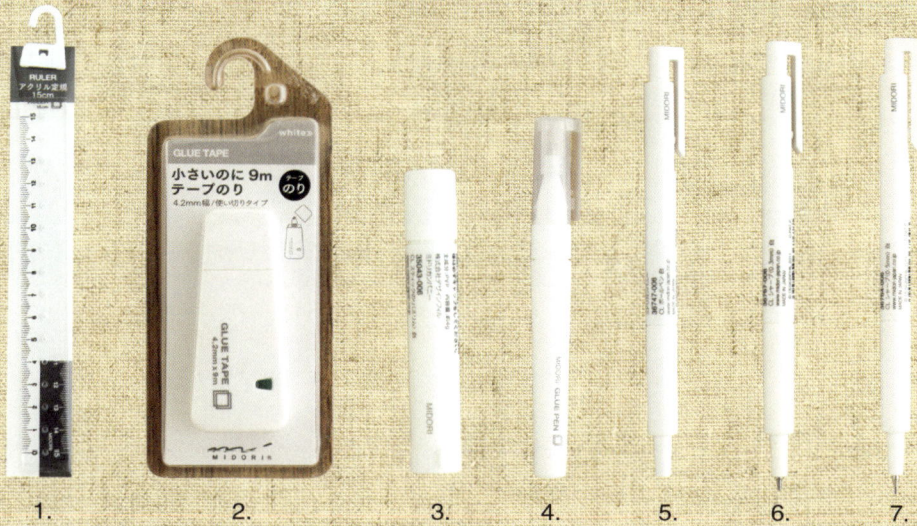

1.　　　2.　　　3.　　4.　　5.　　6.　　7.

Midori. Color Stationery 1. 尺、 2. 立可黏贴带、3. 胶棒、4. 胶水笔、5. 原子笔、6. 0.3 自动铅笔、7. 0.5 自动铅笔

日本品牌 Midori 旗下有一系列名为 Color Stationary (CL)，负责设计制作基本机能的常态文具，每项单品都会生产 CL 的三个色系，白、蓝、粉红。胶水笔、小胶带、胶棒都有白色可以选购，而且此系列的设计出发点是轻巧实用，商品好看、好用又省空间，为替喜爱白色的朋友减少了很多四处寻找时间，整组买下来就对了。

1.

2.

1. MD Notebook Cotton 五周年棉纸记事本（A5 size 手帐）
2. Midori Notebook Cover 新衣

Midori 一直对纸有强大的坚持，有自家研发的 MD Paper（Midori diary 用纸）而发展的纸产品（Paper products）系列。今年适逢纸产品系列五周年，Midori 特别发行采用 MD 棉纸（MD 用纸コットン）做成的笔记本，承袭一贯 MD notebook/diary 的留白，触感和观感都像棉花般的纯净舒适。还有发行仓敷帆布做成的白色书衣（notebook cover）和书袋（notebook bag），帆布米白的素颜，光看就让人心情好，配上 Brass 系列的白色随身笔，是不是马上就感觉到旅人的洗炼和文青的气息？

同场加映几款实用又可爱的白色文具

3M 白色便捷盒造型隐形胶带台，Kokuyo 白色无针订书机，让你每天生活中的大小事，都有白色文具陪伴你。

1. Mark's Tokyo Edge 便条纸
2. 顶楼加盖便利贴
3. Midori Ojisan Sitting Memo

当所有东西都是白色时，便条纸又怎么可以是别的花样呢？不论是外表白的 Mark's 的"Tokyo Edge 便条纸"，有着白色行李箱的外包装，还是内心白的 Midori 的老伯伯"sitting memo"和"顶楼加盖便利贴"，都是可以让人细细品味的可爱对象，完全不能想象它们变成其他颜色。

1.   2.   3.

Kamoi MT，Colte，大园美术，白色纸胶带

纸胶带当然不缺席地有出白色。即使有些全素白的颜色类似，但仍有些许差别，且各家出的宽度不同，也可在应用上作变化。台湾制的则稍微偏黄，可在一般美术社购得。

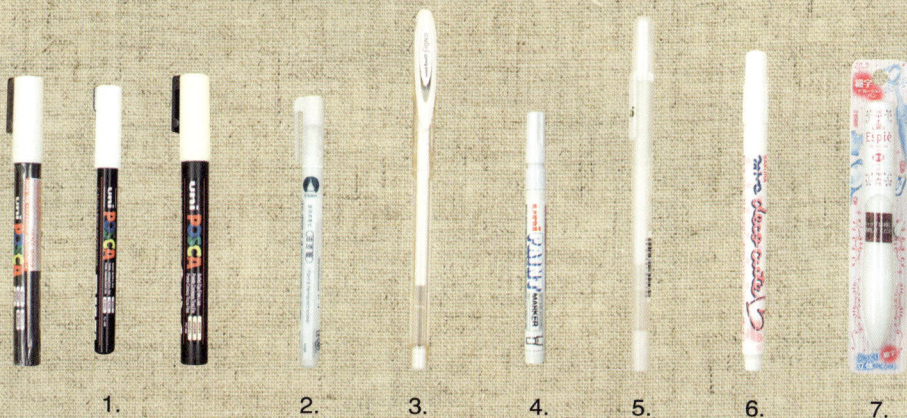

1.   2.   3.   4.   5.   6.   7.

三菱 Uni Posca PC 彩绘笔
1. PC–1MR（白）
   PC–3M（白，象牙白）
2. 雄狮白色油漆笔
3. 三菱 uni–ball Signo 超细中性笔
4. 三菱白色油漆笔
5. Sakura aqualip 水漾彩绘笔
6. Sakura deco cute 创意彩绘笔
7. Sakura Espie 立体彩绘笔（细字）

东西本身是白色的以外，也有很多工具可以协助你帮忙把成品变白
或用白色创作。光可以写出白色的笔就琳琅满目。
或者是用广告颜料和油画用的打底剂，也可以让整个画面有白色的
区块，用在一些广告纸或传单上，可以涂白后拿来写笔记或注记，
会有很好的效果。

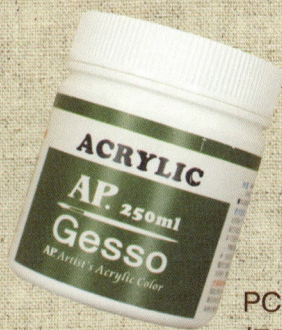

PC–3AP Gesso
打底剂

1. Hampton Art 粉笔白
2. Mark's 水滴印泥
3. Staz On Opaque 白

当然还有白色的印泥，尤其 StazOn 可以应用在各种媒材上，
是另一个可以快速让白色成为主轴的好帮手。

1.

2.

3.

About Chia

· ·

爱买文具的焦虑购物狂，平日最爱半夜细数自己的纸胶带收藏来解压，
是个不折不扣的文具疯子。

RED

红，温暖、热情的积极色调！

Text by 柠檬

童稚幼儿时期，红色被归类于女生的颜色。母亲或长辈为小朋友添购物品时，总会不自觉地帮女孩选择红色，而蓝色与绿色大抵是属于男孩的。

青涩求学时期，以红色宣示活力与热情。这个时期多半的时间埋首于冰冷且灰暗的书本中，相形之下，红色的物品带着一股生命力，适时地刺激和振奋我心。

初熟职场时期，红色显示内心的积极与冲劲。初出茅庐的小子总有源源不绝的动力，不畏惧任何考验。手执一支红笔，仿佛就充满了战斗的勇气，夜以继日地与稿件奋斗亦无退缩之念。

一路走来，我与红色结下不解之缘。衣服、包包、日常必需品等皆可见到红色身影，文具亦然。随着时代变迁，文具的可选择性亦随之丰富，想买一支笔，可能有成千上百的选项，而我的目光始终停留在红色系。

Tim Holtz 复古印台

方形为美国的 Ranger Tim Holtz 复古印台，左上为 Worn lipstick，右下为 Fired brick。水性可晕染，可与纸张、水产生许多不同变化，如复古的质感、墨渍的效果等。

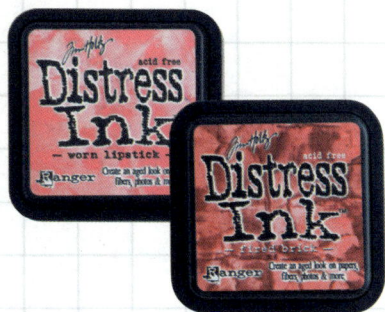

Shachiahata 印台

日本的 Shachiahata 印台，颜色鲜明饱和，盖印线条细腻清晰，是近期相当深得我心的印台之一。

mt 胶带台

胶带台本身附赠四张贴纸，均为和纸材质，照片中的胶带台是贴了两层的效果，底层贴了红色水玉，再于其上贴了有小鹿的贴纸，看起来像是雪景森林中的小鹿。

CARL 打孔器

CARL 是日本打孔器刀具制造大厂，其打孔器产品线众多，此为适合手作人使用款式，是手作不可缺的利器之一。

DYMO M1610 打标机 & 红色色带

此款打标机可用 6mm 和 9mm 色带，并附 2 个转盘替换使用，可打出直式或横式文字，在标示物品和装饰手作上都是醒目的焦点。

Tim Holtz 工具

上方是 Paper Distresser（370A）复古磨纸器，可以在纸边刮出破碎感，制造复古的氛围。下方是 Tonic Craft Pick（372A），此款工具像是常见的锥子，用来在纸上穿孔。类似美工刀可推出的设计，可以自行决定锥子的长度，拥有它之后，我的手终于脱离血淋淋的危险了。

各式纸胶带

家里的红色系纸胶带族繁不及备载，挑了几个自己喜爱的品牌。由左至右的品牌分别是：mt、MARK'S、mt、天马(colte)和仓敷意匠(冈理惠子)。值得一提的是左1，此为最早购入的一批 mt 纸胶带之一，购买时左挑又选，选出了两排白点点最对称的一款，方才购入。

MARK'S Hello Kitty 可搭配印章组

此为 MARK'S 于 2011 年推出，共有三款，此款为对话框设计，可以自由搭配对话框内的字符串，极为有趣。

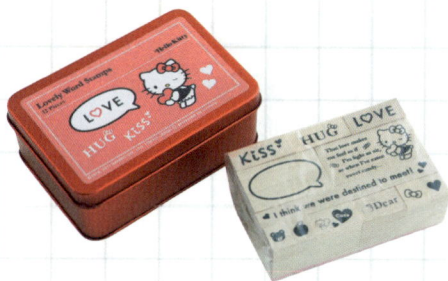

DELFiNO 面包超人手帐 (2008)

B6 尺寸，厚厚一本，手帐里该有的它都不缺。一年365 天中，笑容可掬的面包超人及卡通中众多角色逐页陪伴着，不管翻开哪一页，都能轻易让人会心一笑。

无印良品再生纸护照笔记本

暗红色的封面及封底，有着无印一贯简单的风格，护照大小的尺寸 (125mm × 88mm) 恰巧适合作为随身携带的小本子。

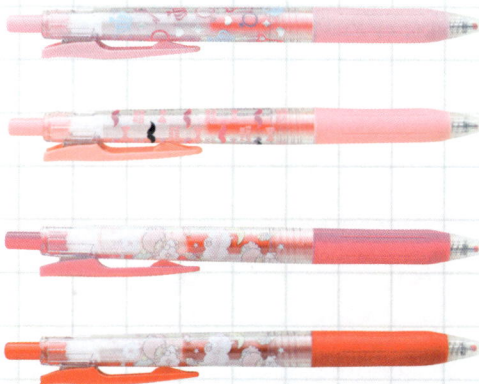

SARASA CLIP X 红

来自好友柑仔的介绍，已经成为柠檬铅笔盒中的主力战将，顺滑好写。右 1&2 是 SARASA 十周年庆的限定色，这系列包含五款深浅不一的粉红，柠檬仅购入胡子和宝石款式，拿着它们，久久未曾相逢的少女心偷偷跑出来。右 3&4 是 SANRIO KIKILALA X SARASA CLIP 的限定款，此系列共有五色，入手此款原因来自偶发的幼稚作祟（绝对只是偶发性）。

MARK'S 相机自黏贴

出了一系列以相机作为造型的文具，包含贴纸、笔记本及卡片等。其中最喜爱这款自黏贴，每次抽出纸片就想起抽出底片的感觉。

PURE 纯色方格便条本

50K 的尺寸适合一手掌握，无论是公司会议或是随身携带皆适宜。内页的方格和易撕虚线设计使得书写或是使用上都更为便利。

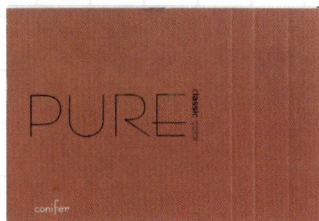

邮政系列文具

左为日本邮便 Posta Collection 邮筒签字笔。中为中华邮政推出的邮筒胶水（年代不可考）。右为街边小店购得之邮筒磁铁。

PLUS WH–804 PETIT 修正带

购物网站上说它是全世界最小的修正带，就默默地把它放进购物车了。尺寸约莫是 4.2mm×6m，尺寸迷你携带方便，尚无可替换的内带，较为可惜。

Midori 的 COLOR STATIONERY 系列

此系列于 1994 年推出后便屡获好评，除了明亮的色彩，也具备机能性的设计，再加上尺寸迷你便于携带，相当适合成熟的 OL 办公或是日常使用（这跟前面买 HELLO KITTY 的是同一人无误）。

SAN–X
轻松熊铁盒装便条纸

一式两款，铁盒外壳绝对是购入主因，阿桑总想着，里头的便条纸用完了，铁盒还可以继续使用，多么划算。

手写 X 红

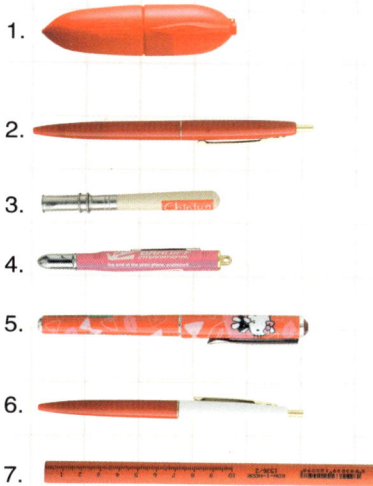

1. **Penco Pencontainer**
   喜欢它圆滚滚的身躯，像支特大号的笔，是柠檬近日的心头好。

2. **Penco x BiC 联名限定单色系列原子笔。**
   旁边是 Penco x BiC 联名推出的原子笔，不同于笔盒的可爱讨喜，却多了一分质感。

3. **Chinlun 铅笔延长器**
   笔是拿来写的，随着笔身身高逐渐矮化时，铅笔延长器是他的救星。

4. **Traveler's Factory x BRANIFF INTERNATIONAL 限定黄铜原子笔。**

5. **Hello Kitty 水钻钢珠笔**
   不害臊地承认，即使已经是老大不小的年纪了，还是保有一点童心。

6. **BIC 按压式原子笔。**
   和柑仔访问文具店时，分别选了各自喜爱的颜色，再交换笔杆。有句话这么说的：一人分一半，感情卡没散。

7. **来自捷克的 KOH-I-NOOR 铅笔**
   扁椭圆的笔身上刻画着刻度，极为有趣，也是少数自己收藏着不用的笔。

小物 X 红

足勇巨型红色回形针
长度足足是 10cm，俨然是回形针界的巨人。

Tombow 四十周年庆迷你限定胶棒
此限定款共有五种颜色，XS 尺寸仅有 7cm 大小，放在随身包包里也不占空间。

MIDORI 第二代樱花回形针限定版 (2012)
闪亮亮的桃红色樱花回形针，夹在文件上，让冰冷的文件多了点缤纷。

三菱 uni 自动铅笔芯 B/0.5mm
偶然在文具店中被它红色外表所迷惑而购入，但有着出人意料的顺畅度，尚属满意。

Carl Angel-5
铁壳烤漆削铅笔机

铁壳复古的模样总是让人迷恋，尤以红色烤漆的铁壳为最，略带重量的底座让整个机身很稳。

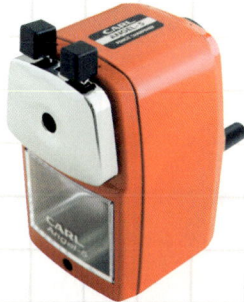

铁皮玩具（消防车）

来自西班牙，是以发条为动力的铁皮玩具，颜色饱满鲜明（此为柠檬某日在田园城市闲逛时所购得，经询问店家，并无品牌标示）。

About 柠檬

迷恋于收藏印章和纸胶带，并致力将两者呈现在作品中。创作的作品里头总藏着故事，可能来自于自己、朋友或任何事物。喜欢用创作的方式疗愈自己，期许自己的创作也能疗愈他人。

博客：http://lemonlion.pixnet.net/blog
粉丝页：https://www.facebook.com/Lemon0814

ORANGE

橘，好心情的显色调性！

Text by 柑仔

柑（学名：Citrus tangerina）是芸香科柑橘属的水果，台语把橘叫做柑仔，同属的还有瓯柑、椪柑、桶柑和蜜柑等。既然柑仔身为柑橘属的橘色系代表，手边有一箩筐的橘色文具是相当合理的。每每在定期的巡视文具店过程中，亮丽的橘色文具们总不停地呼唤着妈妈（亦即我本人），叫我带它们回家。在孩儿们的殷切呼唤下，我老忍不住自动导航走到货架，接着它就不知不觉地掉落在我的购物篮里，真是见证奇迹的一刻。

说实话，橘色系的笔在手帐上或笔记上登场的机会并不多，因为太过亮眼，拿橘色的笔来做笔记完全是跟自己过不去，但拿来标示重点倒是非常适合。这回合介绍的橘色笔并不多，主要还是把具有橘色外表但实用性满点的心头好介绍给大家。打开笔袋，看见显眼的橘色文具们，心情咻地就会好起来，莫迟疑了，也帮你自己添购一些橘色文具吧！

Traveler's Factory TFA
短杆原子笔

笔身以黄铜制造，全长 9.7 公分，搭配 TN 护照尺寸卡在旁边刚刚好，使用 OHTO 笔心滑顺好写，橘色笔身相当醒目。

BIC Super EZ 0.7
油性原子笔

橘色笔杆，外形简洁，笔盖做了波浪的设计，滑溜顺畅的出水十分有魅力，浓黑的墨色很有存在感。

ZEBRA 触控笔

缩小版麦克笔的外形，可塞进手机耳机孔随身携带，除了触控笔的功能，旋开笔盖里头是黑色原子笔，一兼二顾真方便。

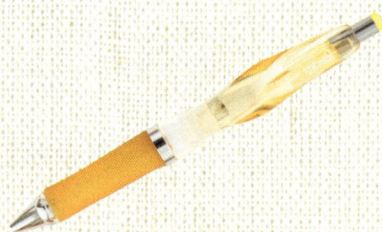

Zebra nu Spiral
产学协同 0.7 油性原子笔

由 Zebra 和早稻田教授野吕影男教授共同研发，波浪的笔身握起来和手掌曲线吻合，增加握笔时的安定性，前方树脂柔软好握，让你的筋肉好～轻～松。

PILOT FRIXION COLORS
摩擦笔——橘

摩擦笔一般墨色较淡，在色笔上却反而是种优点，不抢眼的橘色加上带点不均匀的墨色，实用度满点，目前共有 24 色。

Pentel Handy lineS
按压式荧光笔

按压式荧光笔，原本偏爱它单手就可按压的方便性，同时又有机关可避免墨水干涸，在看了文具王高钿先生的介绍后才知道原来看似简单，笔心缩回时让笔尖不至于干涸的是那么巧妙的半圆球状设计，而且价钱便宜实惠，忍不住购入一打。

韩国胡萝卜伸缩笔

笑容可掬的胡萝卜，拉开就是只伸缩笔，让人心情不禁愉悦起来，购自 10×10，可惜是一只可爱有余，实在难用还加上已经断水的笔。

1. PILOT Parellel Pen 1.5mm

一直向往能流畅写出英文艺术书法的柑仔，购入此款艺术钢笔也是相当合理的，共计 1.5mm/2.4mm/3.8mm/6.0mm 四种粗细，至于买了以后还没使用过这件事情就让我们暂时表过不提。

2. Tombow PLAY COLOR 2

PLAY COLER 2 共计有 36 种颜色，一支笔里有 0.4mm 和 1.2mm 两种不同粗细的笔头，写大字或写小字都能搞定，缤纷的色彩让人忍不住全套收下。

3. MUJI 六角水性彩色笔

改版过后的 MUJI 水性彩色笔多加了笔夹，笔身略微缩短，色彩多样的彩色笔们，六角形的外形放置桌上不易滑落，握起来也相当稳固。

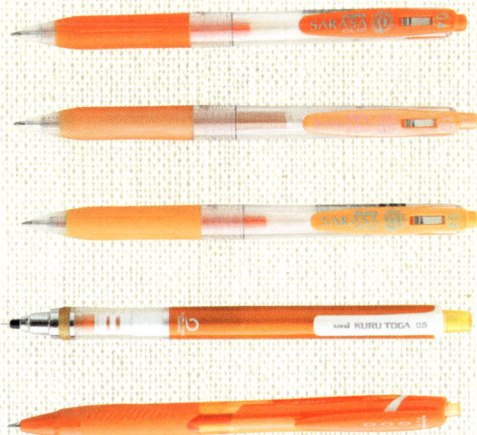

1.

2.

3.

1. SARASA CLIP 笔夹式水性钢珠笔

从 SARASA 丰富多彩的颜色里，精挑细选了两色深浅不同的橘色和一只亮彩橘，笔夹式的设计平时不觉怎样，但行进间可以夹耳垂夹衣服夹在夹板上，带来稳固的安全感。

2. Uni KURU TOGA 360 度旋转自动铅笔

每次接触纸面，笔心就有 6 度的转动，让每一笔画都一样粗细，书写起来的流畅感超乎想象，虽然因为长期使用，笔杆已经有点掉漆，但仍旧是柑仔爱笔之一。

3. Jetstream 0.5 油性单色笔

出墨流畅色彩浓厚又好写的 Jetstream，一直是柑仔笔袋里的常备军，此款单色笔共有八色，笔身与墨水颜色相同，做笔记时更容易识别。

足勇不黏你纸胶带专用剪刀（左）

标榜剪纸胶带不沾黏的小巧剪刀，圆弧的握柄即使是手大的人如柑仔仍旧可以轻易使用，造型简单却颇显优雅。

FISKAR Micro—Tip Softgrip Scissors (No. 5)（右）

橡胶材质的握柄较有弹性好握，是针对织品设计的剪刀，尖端特意设计的角度，针对细微的角落也可以轻松剪下，是把不论左右手都可以使用的好剪子。

OohLaLa 双面笔袋

OohLaLa 轻松简单带点 KUSO 的画风恶搞中带着疗愈，这个笔袋一面是俏女孩，另一面是精神抖擞的公鸡，一个笔袋两种享受。

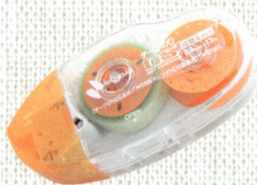

NICHIBAN DS DOT STAMPER

滚轮双面胶方便到万一手边的用完，忍不住就会焦虑起来，这款滚轮双面胶除了一直条的使用，垂直下压可以压出正方形的黏贴范围，如果只需要在小角落使用相当方便。

Shachihata 朱色印台—中型

色彩浓郁，墨水充沛的shachihata印台近来相当受欢迎，标榜在影印纸上可使用 8500 次，但墨水充沛，盖印后需要给它点时间干燥，以免产生回潮的悲剧。

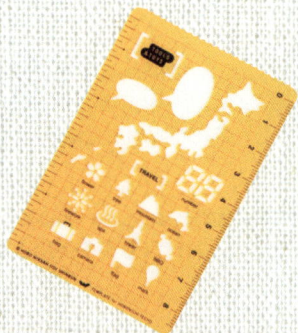

HOBO 绘图尺

薄而轻巧的绘图尺，上面是日本地图，对怀抱着有朝一日能征服日本文具店梦想的柑仔来说，虽然还是梦想，却能随时幻想一下。塞进手帐里，好携带没负担。

KUTSUWA T.GAAL multisharpener 五段式削铅笔器

历久弥新的小巧造型，可以削出色铅笔、铅笔、答案卡、通常铅笔和制图用等五种不同的笔蕊长度，至今仍然热爱铅笔写感的柑仔必备好物。

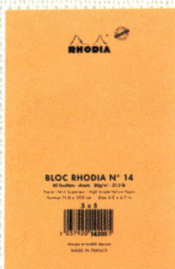

Rhodia 橘色方格
后翻笔记本

经典的 Rhodia 橘色封面加上贴心的三折线，不同的大小可以符合各种场合使用，但私心希望网格线可以再淡一些。

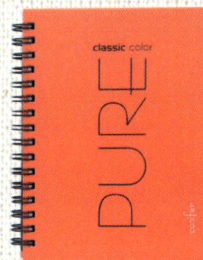

绿的 PURE 50k
空白笔记本

双线圈笔记本加上带着厚度的底板，即使一时找不着桌子，也可以拿在手上轻松书写，期待有朝一日能达到随手拿起就可以作画的境界。

sun-star BINDER BALL

除了书写功能，特意设计的书夹功能，一来能把书本确实地固定住，簿本不至于在包包中打开和其他东西磨擦受损，二来也不用在袋子里拼了命地捞笔。感觉这样特殊造型的笔会难以使用，但握起来却不如想象中的不便。

MARK'S 便利贴——祖母

这一系列是不甚美形的一家人，包含了祖母、祖父、妈妈、爸爸、女儿、儿子和爸爸的女朋友，对话框的形式让方形的便利贴不显生硬，待记事项搭配家人的唠叨让人更忘不了。

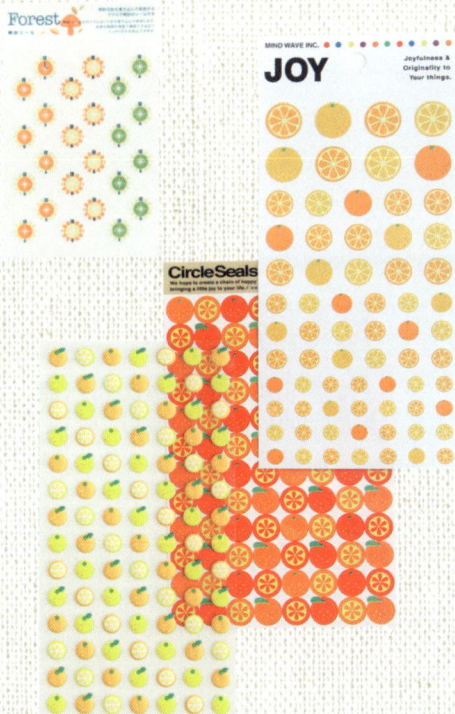

1. A-one 手帐用标示贴（左上）

可以手画标示时间的小时钟，贴在手帐上方便度满点，可惜价位略高，每次使用心中的收款机就响个不停。

2. Mindwave petit fruits 立体橘子贴纸（左下）

立体的圆滚滚橘子贴纸压起来相当舒压，可爱的造型人人叫好，第一回看到惊喜万分，手刀抢下五张，目前市面上已经不复见它的踪迹。

3. RYU-RYU Circle Seals 橘子贴纸（中）

Circle Seals 的贴纸价格实惠，颜色鲜艳，橘子的剖面图异常有趣。

4. Mindwave JOY 橘子贴纸（右上）

颜色较淡雅的 JOY 贴纸，各种不同大小的橘子配合不同的簿本大小，增加了使用的机会。

KAMIO JAPAN
不良少年与女教师对话框便利贴

方便随身携带的便利贴，恶搞的画风设计为对话框的格式，当作今日微服出巡的小标题十分便利。

Mark's trip tip 便笺

光仿了领据不够，行李箱上的名条当然也不可以错过，挂在棍状礼品上当小卡非常适合，仔细瞧瞧，上头还写了 MKS AIRLINES 呢!

（上）菊水 story tape——均衡一下

鲜橘的底色上有各式各样的蔬果，使用纸胶带的同时也提醒自个儿今日得来点水果均衡一下才行。

（下）7Gypsies Papertape

7Gypsies 是美国美编品牌，质地较厚，几乎没有重复撕黏性，但相对来说遮盖力强，加上无可比拟的欧美随性风格，还是相当具有魅力。

Traveler's Factory
火车票券纸胶带

Traveler's Factory 的旅行风格一直受到大家喜爱，此款纸胶带四种图样中有两种不同深浅的橘，纸轴内圈标明 mt，是由カモ井公司承制，质量值得信赖。

FUNTAPE 标签纸胶带

由知音出品，但仅在日本贩卖。中央的留空相当实用，剪下一小段贴在礼物上也好，或是小卡上也好，都可以让质感瞬间 level up。

Mokeke 碧娃娃吊饰

从モケケノケ星来的 mokeke 外星人们，温暖而柔软的绒毛，加上温柔的笑容，十足疗愈。双手前端有个小扣子，互相扣住看起来更加温婉抚慰人心。

Paper Intelligence DECOP 钮扣打洞器

共有 13mm、19mm、25mm 三种大小，不仅可以打出钮扣图样，附加的压凸功能，让钮扣看起来加倍的真实。利用各式纸张打出来的大大小小的钮扣非常可爱！

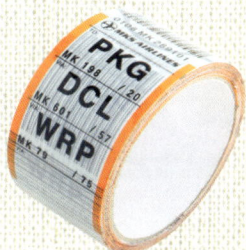

Mark's trip tip OPP 行李封条封箱胶带

30 公尺长，直接做成行李领据模样的 OPP 胶带，拿来封箱或是装饰笔记本封面都相当威风。

Braniff x Traveler's Factory 纸胶带

Traveler's Factory 经常的品牌合作总是很有意思，Braniff 航空是间仅仅营运 60 年左右的航空公司，极具特色的品牌形象，也借着 Traveler's Factory 的纸胶带让我们更认识它，对了，这可是柑仔手头循环最短的一卷纸胶带喔。

Mark's trip tip 卷筒式便利贴

整卷式整面皆有背胶的便利贴，黏性虽不顶强但尚可固定。仿出国时挂在行李箱上的领据，共有三色，橘色款当然率先购入。

About 柑仔

看到新款文具出品，就会自动变身丧尸的新品种生物，迷失在文具海中无意识地按下购买键，享受回复理智后被包裹轰炸的感觉。

柑仔的柑仔店
http://sunkist0214.pixnet.net/blog
http://www.facebook.com/sunkist214

YELLOW

不是只有小鸭有黄色：
I love Yellow Stationery.

Text by Denya

颜色四百种，就是黄橘色系最吸引我！买文具也不例外，一系列颜色推出，就是黄色最得我的青睐。有时就算还有其他的颜色可以选择，就是很自然地会挑选黄色款式。黄色的文具其实不是太主流，市面上大部分还是以黑、白、粉红、蓝这一些颜色为主轴，一个系列中往往牺牲掉的都是黄色这个颜色，所以只要一看到系列文具中有出黄色，不用考虑太多，一定要优先入手，若真遇不到，橘色是我的第二选择。

其实会特别喜欢黄色，大概是从高中开始，先前有一段时间很热爱绿色文具，不过后来就一路支持黄色文具至今，原因其实很简单：黄色总是带给人元气十足的感觉，在一堆文具交杂的笔袋中，黄色文具很容易一眼就看到，不过当笔袋中都是黄色文具的时候，就有点找不到了！哈哈！而且黄色十分中性，鲜少给人太过小家碧玉或是太男孩子气的感觉。

虽然热爱，但有时也会变得有些强迫症，明明一整组中，别的配色就比较好看，可是还是会像被催眠了一样，把手伸向黄色那一个，跌入最后拿了两款去结账的深渊啊！能够有热爱的文具是好事，能够有喜欢的色系文具是一种执着的境界。

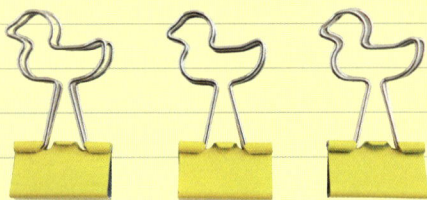

小鸭燕尾夹

不是故意一直介绍小鸭商品，但黄色总是和小鸭脱不了关系啊，只是单纯地将燕尾夹把手改为小鸭造型，整体的设计感就倍增许多。

Afternoon Tea 的造型回形针

日本杂货咖啡店 Afternoon Tea 的造型回形针，完全搭上最近的黄色小鸭风潮，设计的概念和 MIDORI 的 D-Clip 一样，但是包装盒明显花俏许多。

KOKUYO 的多角度橡皮擦

得过设计奖的这款橡皮擦，一度蔚为风潮，现在在市面上也算是相当受欢迎的橡皮擦款式，不过是不是真的像设计概念说的神奇，就端看各位的自行判断啰！

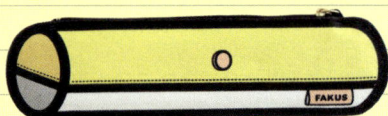

KOKUYO 伪 3D 笔袋

看似立体其实为平面的圆筒笔袋，视觉效果大于实际的容纳效果啊！

英国的 KUSO 文具品牌 suck 推出的 Flip book sticky note

左边是英国的 KUSO 文具品牌 suck 推出的 Flip book sticky note。借由快速翻动便利贴，可以看到连环动画，是舍不得用的艺术品！

各式黄色笔类

其实黄色是个非常不清楚笔触的颜色，但莫名地还是会固定购入，喜欢的是耀眼黄色在笔袋里的演出吧！

Moleskine x 小精灵限定版

无庸置疑，Moleskine x 黄色完全就是打中我！封面上压印的小精灵游戏画面，精致！搭配耀眼的黄色，活泼感倍增！

日本伊东屋 客制化手工笔记本

多年前，文具友人特别去日本伊东屋做的客制化手工笔记本，从封面到内页通通可以自行挑选，虽然只是薄薄的一本，但心意是相当厚重的。

RHODIA 黄色皮质笔记本

一直以来都是橘色和黑色为招牌色的 RHODIA，一口气推出 15 色的皮质笔记本，其中最耀眼的莫过于水仙黄，柔软的皮质封面搭配质量出众的笔记本内页，不用怀疑的好物！

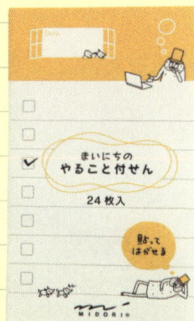

MIDORI OJISAN 的 To do list 便利贴

可爱的 OJIAN 总是很容易就抓紧我的目光，简约的线条搭配俏皮的插画，让 To do list 除了实用还多了一点细致感。

MIDORI 的 3C 整线器

也算是市面首推这么可爱又实用的整线器，无论是出租车或是小鸭造型，都是我的爱物啊！

连续抽取式便利贴

可针对需要的便利贴长度自行调整，现在市面上有相当多雷同的商品出现了，不过多年前也算是相当新奇的一款设计文具。

木栅动物园的豹头笔

木栅动物园购入的豹头笔，豹的表情很逗趣，让人很难抵挡，动物纹的花纹表现得相当细致，是个值得购入的动物园纪念品。

About Denya

人生无文具不欢，喜欢活版印刷的手感，热爱限量版的独特，喜欢老派经典的质感，欣赏创意无限的惊喜！

典雅文具铺　Denya.SW
http://www.denya-sw.tw

GREEN

绿，一种人生融合的阶段投射！

Text by Mia

身边的朋友，几乎都曾对我说过"看到绿色就想到你！"这句话。我想应该是我对绿色的热衷已经超乎一般人的想象，所以只要看到绿色，就会想起有个人总会出现过分夸张的反应："没错，那就是我！"

其实我也不是那么记得，到底哪个时候开始喜欢上绿色，又因为什么原因而喜欢绿色？回想起来，喜欢的颜色总与自己的状态有着部分呼应。儿时所用的蜡笔或彩色笔中，最快消耗掉的总是黄色，所以我想孩童的时候是喜欢黄色居多，那充满活力与阳光的快乐时光；然而在中学时期，进入了所谓少年维持的烦恼中，印象中的自己是偏好蓝色的，想来确实那时是一片蓝。而现今，喜欢绿色已经好一阵子了，推测应该是一种人生的融合阶段吧！你瞧，很有趣的，把黄色与蓝色混在一起，不正成了绿色嘛！

又我认真地回想，那些令我陶醉的绿色画面，有一大片随风波动的稻绿、有高耸在顶端相接的森林树绿、还有阳光下会发光透出脉纹的叶绿。这些这些，都是每回看到绿色会让我微笑的起点。是啊，我喜欢的绿是与自然关联在一起的，就好像我也常希望自己是一棵树，可以拥有一身的绿。既然如此偏好一个颜色，身边固然少不了许多绿物。文具是最常出现在身边的小物，成了我最喜欢搜寻绿色的对象。这些日子在不断地寻寻觅觅中，总有缘能遇上一些绿色文具，每一件都好令人爱不释手啊！下面就让我来一一介绍这些我的绿、家、伙！

绿色纸胶带们

深深浅浅各系列的绿色！尤其以素色纸胶带更是我的最爱，我可以只要有绿色就好了。

绿色浆糊

这是旧式的浆糊瓶，红色的盖子其实中间还有支垂直细长的塑料棒，一打开浆糊就能直接将盖子当作取用棒，挖取适量的浆糊做黏贴。

浆糊少了还能购买补充包添加，便宜又非常环保，是流传下来的智慧。

绿色订书机

在新加坡逛文具店时发现的好东西。澳洲文具品牌，店内商品都是依颜色摆放，就在绿色那一区驻足许久，挑选了这把造型特别、好施力的订书机。

绿色古早剪刀

还是老件够味！师傅敲打出来的剪刀，手把部分涂上了绿漆。就是很简单，也就是耐看又耐用。大大的握把，可以把四只手指头都置入，握起来相当地稳。

绿色麻线轴

我有好多绿色的线，无论是麻绳、皮绳或是绣线。
我喜欢将它们缠绕上小线轴，随身带上一卷都好用上，也很方便于分享给朋友使用。

绿色削笔器（墨水瓶造型）

一位一直很支持的朋友所送的礼物，德国 DUX 品牌，墨水瓶造型还是绿色瓶身。我擅自将瓶身标签去除，自个儿拿了块小皮革，打压上 MIA 三字黏上瓶子，得意地认为这样更有味道。

绿色墨水

J. HERBIN vert empire 帝王绿是我最钟爱的一款墨水色，无论涂鸦或书写，不管什么纸的底色，这个颜色都能相当有味道。身上有几支钢笔，都灌上了这一色的墨水。没办法，当有了一个最爱的，怎么也看不上其他颜色。

绿色侧边笔记本

伦敦之旅的纪念品，就是这一本 Orla Kiely 的笔记本，带回来已经两年多仍舍不得使用。最叫我喜欢的，是笔记本侧边的绿色设计，是很舒服的草绿色。

绿色小人百克磅秤

日本人果然是生活小物发明家，这是针对邮简设计的简易磅秤，可以秤一百克以内的邮件，就能简单知道需要贴多少钱的邮票啰！

绿色 Kaweco 钢笔原子笔组

这一组浅绿色的笔组并不容易找到，但说来它也没什么特别之处，大概只有像我这么偏好绿色的人会特地去寻找它吧！是的，对我来说有好看的绿色、再配上好看的笔型，并不是一件常见的事！

1. CATTLE · HOGS · SHEEP

2. LONG & HANSEN

3. J. E. ACKERMAN

4. FOR GENERAL WRITING

5. FFFFF

6. FERRY COMPANY

7.

8. KOH-I-NOOR HARDTMUTH

绿色笔们

蜻蜓牌的基本款绿身铅笔，削尖了一桶就放在桌前，随时都好拿取使用。几支老对象是好朋友赠与的子弹铅笔，特别为我留下了绿色，无比珍贵呀！有一支绿笔杆的工程笔，使用 5mm 的粗笔芯，在速绘时很好用的一款笔，是我在美术社挖来的宝物；逛文具店逛美术社，总爱留意一些有趣的笔类，然后挑一只绿色的下手做尝试，所以身上总有一些奇奇怪怪的绿色笔。

绿色削铅笔机

日本的 CARL 公司，是专门制作削铅笔机的品牌，出品过非常多厉害的削铅笔机。但我唯独被这一款最阳春、却一身绿的削铅笔机给吸引。还花了许多力气找寻它。因此当得到它时，开心之余还将这一款削铅笔机画卜笔记本。

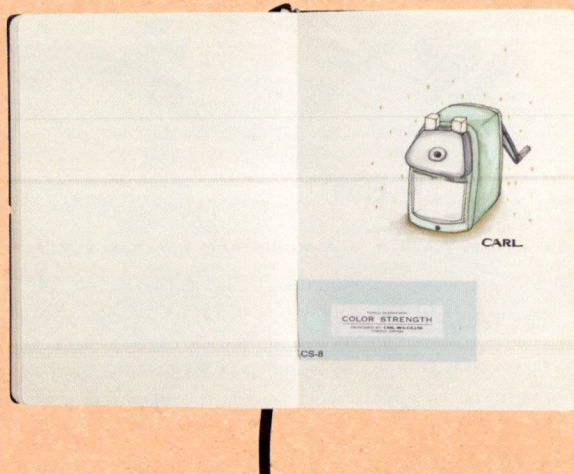

CARL

COLOR STRENGTH

CS-8

绿色信封袋

旅行到欧美国家时，会发现人们对于书信的认真态度，都呈现在信封信纸上，自己不免挑了简单的素色信封带回。也有朋友赠送的小信封，好看的绿色一直舍不得使用。就连收到的包裹使用的绿色公文封，也要留下来继续使用。

绿色刻章工具（小菜刀、笔刀、切割垫、印台、笔袋）

一把全身绿到底的小菜刀，是切橡皮的好工具，也是美国旅行的一个纪念品。还有刻章最重要的笔刀，也找到了绿色笔杆的一把好刀。这些都给装进绿色的笔袋中，是可以带着跑的刻章工具包。当然少不了必备款绿色印泥，还要再备上一块绿色的切割垫。

About Mia

喜欢画画，
喜欢刻印章，
喜欢绿色，
喜欢聪明的好点子，
还喜欢跟别人不一样。
我与我的眼睛、双手还有双脚，
为了品尝这个世界上一切的美好而努力。

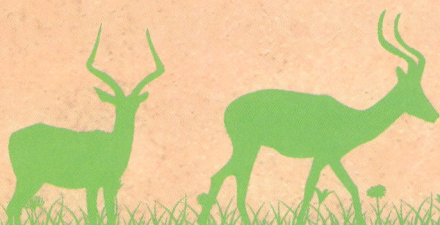

BLUE

蓝，文具的经典制服款！

Text by Tiger

蓝色可说是文具的制服色，或许也因此较少人收藏蓝色文具，因为只要时间一久蓝色文具就会自动"生"出来。不过这对于喜欢蓝色的文具迷来说，倒是省下不少寻找的时间。

虽然我没有特别喜欢蓝色或是刻意收藏，但有些文具就是特别适合蓝色，或是以蓝色最为经典，在这些情况下才会收藏蓝色版本。我另一个蓝色文具来源就是别人赠送的礼物。其实文具很适合拿来作为礼物，我认为蓝色万用的程度大概是仅次于红色了！它不仅适用多种场合下的赠礼需求——例如升学、升官、生日、生孩子等等，甚至前阵子朋友结婚我也送了文具。此外，不论对象是男女或老幼，都能找到适合送人的文具，因此我也收到不少这类礼物。为什么说别人送的文具是我另一个蓝色文具的主要来源？许多人都有一种先入为主的概念，认为送给男生的东西要挑蓝色系、送女生的就要挑红色系，就连厂商都约定俗成般的依这种规则来生产，所以我才会收到不少蓝色文具。

不过文具虽然适合当做赠礼，以后有机会挑选文具时，建议各位可以多参考其他颜色，说不定可以让收礼者的眼睛为之一亮。

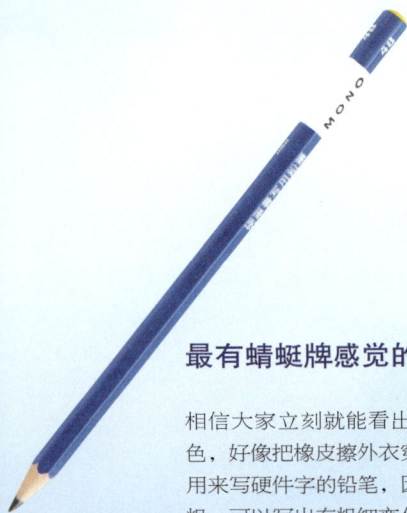

最有蜻蜓牌感觉的铅笔

相信大家立刻就能看出来。经典蓝白配色，好像把橡皮擦外衣穿上身一样。它是用来写硬件字的铅笔，因此笔芯较软、较粗，可以写出有粗细变化的笔划。

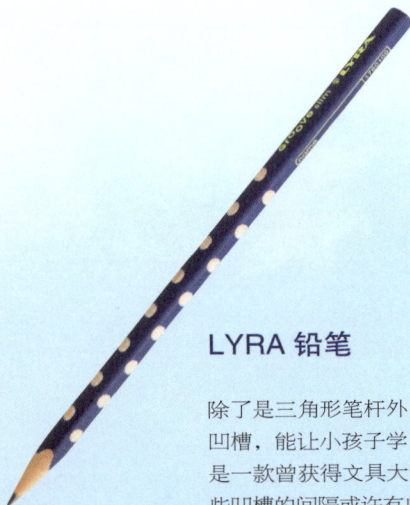

LYRA 铅笔

除了是三角形笔杆外，它在笔杆上还刻出凹槽，能让小孩子学习正确的握笔姿势，是一款曾获得文具大赏的作品。只不过那些凹槽的间隔或许有些人觉得过大。

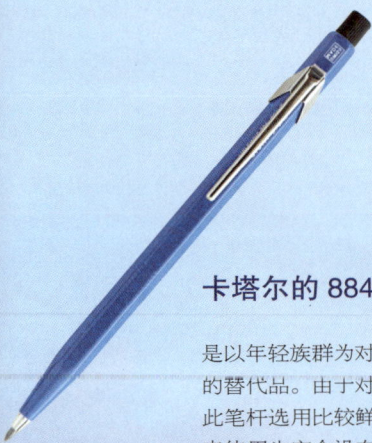

卡塔尔的 884 Junior 系列

是以年轻族群为对象所开发，可作为铅笔的替代品。由于对象是小孩或青少年，因此笔杆选用比较鲜艳的颜色，其实大人拿来使用也完全没有违和感，甚至有些大人还会刻意选购此系列作为自用。

Rotring 的针尖式钢笔

现在早已停产。但是独特的笔尖设计以及书写感，还有从透明笔头观察墨水成一丝细线注入笔尖的种种乐趣，使得这支笔的停产让人觉得有些可惜。

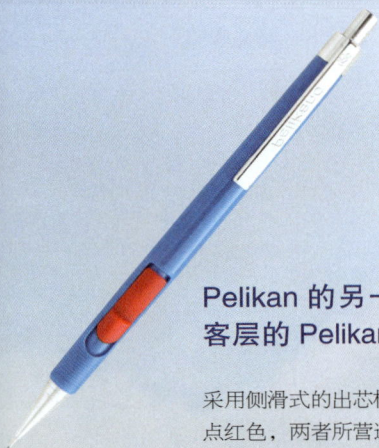

Pelikan 的另一个以青少年为客层的 Pelikano 系列

采用侧滑式的出芯机构。蓝色笔杆搭配一点红色，两者所营造出的对比是这支笔吸睛的地方。

2020 ROCKY

是 PILOT 摇摇笔系列中的另一代表作，有比较粗旷的外型（所以才叫 ROCKY）。这支收藏是日本某电子公司的赠礼，或许为了符合电子业界的形象所以才挑选蓝色笔杆吧。

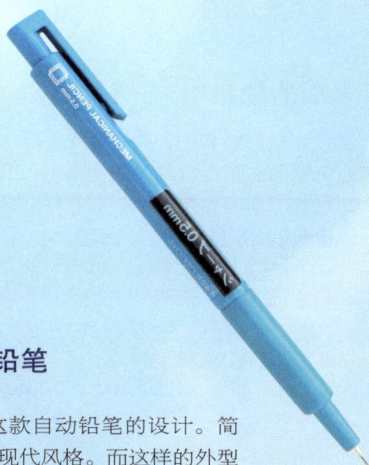

Midori 自动铅笔

我欣赏 Midori 这款自动铅笔的设计。简单利落的外型有现代风格。而这样的外型再搭配上饱和度高的蓝色再适合也不过了。虽然售价便宜，但却是蛮有质感的一支笔。

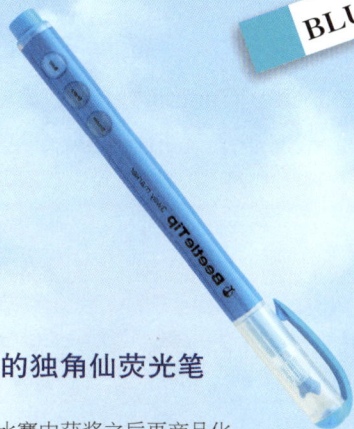

KOKUYO 的独角仙荧光笔

是在文具设计比赛中获奖之后再商品化的文具。一个笔头可以分别画出两种粗细笔划，也可以同时画出，相当有创意的设计。

PENTEL Sign Pen

签字笔定番中的定番就是 PENTEL Sign Pen，它的笔尖比较扎实，因此较不易散开、可以写出细笔划。改变下笔角度之后也一样可以写粗笔划。

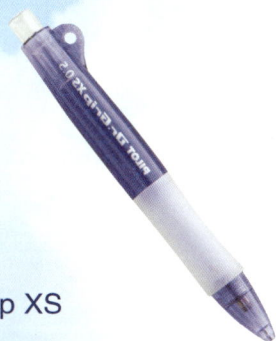

PILOT Dr. Grip XS

是一款造型迷你的自动铅笔。Dr. Grip 以它的握位著称，在迷你版的这支笔上也同样让我们的目光集中在握位上，占了笔杆 1/3 以上的长度。笔尾还有吊孔，可以将它挂在证件套等地方，发挥这支笔的迷你优势。

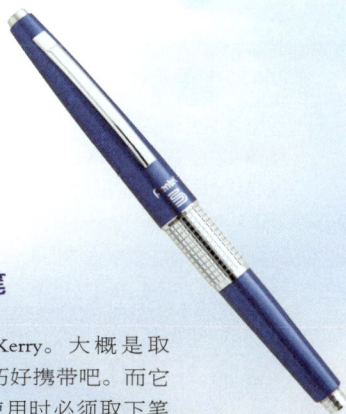

Pentel 5 自动铅笔

目前已改名为 Pentel Kerry。大概是取 Carry 的谐音，强调轻巧好携带吧。而它的笔杆与钢笔类似，使用时必须取下笔盖，然后再把笔盖插在笔尾上。

Pelikan 早期的自动铅笔

出芯机构采用以前的 clutch 方式，类似目前的工程笔。一般自动铅笔内部机构会晃动的缺点它都没有，非常扎实的手写感。

Faber Castell 橡皮擦

有收纳设计。使用时把橡皮擦转出塑料外壳即可使用。橡皮擦的前缘有扁平化设计，可用来擦拭小地方。

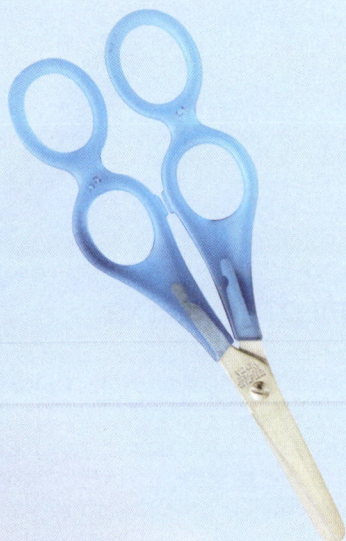

早期的色铅笔

这其实是一整套的，共有 4 支，每支都不同色。早期的色铅笔经常会以这种形式推出，采用当时自动铅笔的机构但换上彩色笔芯，而笔杆颜色也换成彩色，用以识别里面所搭载的笔芯颜色。

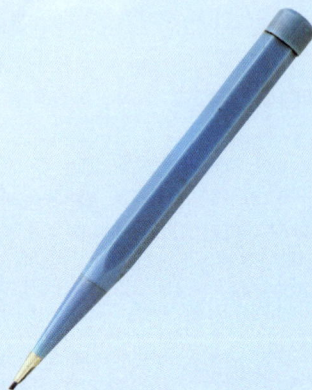

四个孔的剪刀

有四个孔的剪刀造型非常奇特，会让人产生"这是地球人使用的剪刀吗？"的疑问。事实上它是一把亲子剪刀，前面的孔位是给小朋友握住，接着家长再握着后面的孔位。藉由家长的手指来开阖剪刀、让小孩子熟悉控制肌肉、使用剪刀的方法。

电动橡皮擦

这是在日本百元商店找到的电动橡皮擦。以这种价位来说实在是没什么好抱怨的了。不过还是要说一下，它的橡皮擦消耗快，而且擦的时候橡皮擦屑会乱喷，应该是趣味性大于实用性吧。

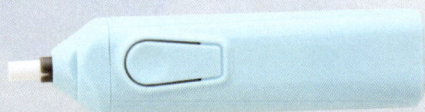

Midori 笔芯

与刚才介绍的自动铅笔属于同一系列。在造型上也维持该系列的一贯风格，简洁利落的线条。就笔芯盒来说我认为是难得一见的佳作。

LEADS
50 pcs.

0.5/HB

MIDORI

KOKUYO 的橡皮擦

说到 KOKUYO 的橡皮擦大概就会想到它吧。多角外型可以擦拭小地方的设计在甫推出之时就不知让多少人手滑败入，后来又推出多种颜色版本，甚至引发橡皮擦业界的多角橡皮擦热潮，其他业者争先推出类似商品。它肯定是能名留文具史的一项杰作。

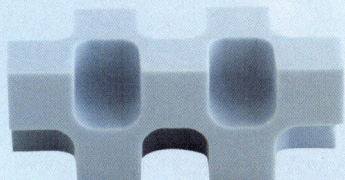

KOKUYO 的 Tidbit 便条纸

整页都压上虚线，方便撕下，而且还可以撕成任意大小、而且边缘工整。如果要传纸条或是需要小纸片留言时，就能感觉到它的便利。

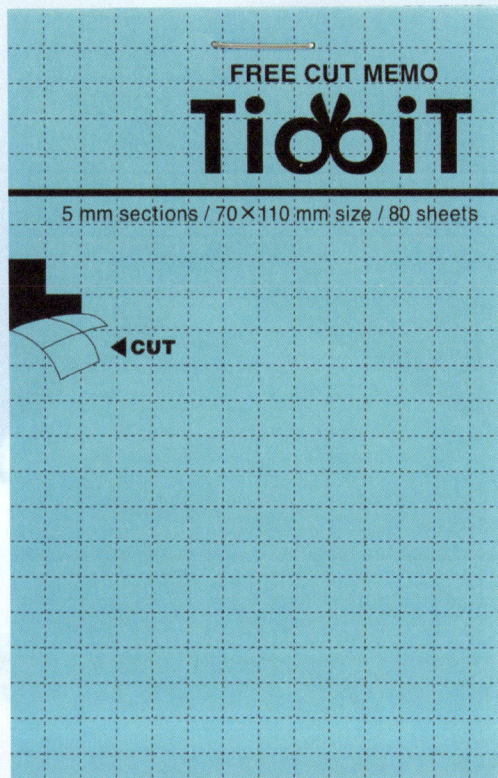

FREE CUT MEMO
TidbiT
5 mm sections / 70×110 mm size / 80 sheets

◀CUT

三菱削铅笔

这是我的最爱。它售价便宜，大约 100 日圆，却是好削程度大胜要价 5 倍、甚至 10 倍以上的欧系削铅笔器，可以达到第一次削铅笔就上手的境界。而且它还有容器可以装铅笔刨花，非常适合外出使用。不过东西小，很容易找不到，但又非它不可的情况下只好多准备几个。

About "文具病" Tiger

文具病部落格主持人，也是文具与旅游作家，最近又多了文具店老板、文具设计师的身分。所设计的文具陆续在"直物生活文具"中推出。
文具病：stationeria.net
直物生活文具：plain.tw

PINK

粉红，既梦幻也坚强。

Text by 潘幸仑

颜色就像是人类一样，不会是完美无缺，有优点、也会有缺点。向来给人甜美、梦幻、温柔感觉的粉红色，从另外一个角度来看，却也是柔弱、不堪一击的象征。

香港作家亦舒在短篇小说《粉红色新大衣》里描述，女主角玉林穿上价值不菲的粉红色新大衣，享受众人欣羡的眼光，却也觉得那种过分娇嫩的粉红色在办公室里实在有点碍眼，有点失落地开始思考是否要选择深灰或咖啡色的套装，那些虽然老气、但是永恒的样式。

我从小就独钟于粉红色，不管是用的还是穿的，一律都以粉红色为优先考虑，也因此收集了很多粉红色系的文具和纸制品。然而进入青春期后却也曾和玉林一样，担心粉红色太过于甜腻，会给人做作的印象。于是初中时期，一度改买蓝色系的东西。但我还是无法割舍粉红色所带来的幸福感，终究回到粉红色的怀抱。

理想中的粉红色，就像春天里的樱花，是恰到好处的粉红色，增一分太醒目、减一份太黯淡。经过一整年的等待终于绽放，花瓣在风中飞舞也有极为动人的姿态，你若曾经看过一场"樱吹雪"，绝对是永生难忘的美好回忆。

也许一个人的坚强就像这样吧，经过不断的努力与忍耐，只愿等待最好的时机、等待一场生命的蜕变，如同樱花一样，经历了夏天的溽暑、秋天的萧瑟、冬天的寂静，终于在世人面前以最美丽的姿态登场。

粉红色对我来说，就是如此梦幻却又坚强的颜色。

1. uni STYLE+FIT 多色笔管和 PILOT 多色笔管

Uni Style-Fit 多色笔是我的爱用品，从 2009 年开始使用，一转眼也使用四年多了！这只限定笔管是 uni 与懒懒熊的联名限定款，粉嫩的颜色与甜点图案，非常甜美。

2. Tombow 蜻蜓牌 P-Fit 可爱女孩夹夹笔限定色

百乐 Pilot 粉红色蝴蝶多色笔，带有渐层的粉色，相当好看。

3. Tombow 蜻蜓牌 Air Press APRO 气压围裙笔

Uni Style-Fit 点点多色笔，水玉图案绝对是经典必备款！

4. Tombow 蜻蜓牌 Air Press
气压围裙笔花束系列——

百乐 Pilot 限量珠宝款笔款，粉底配上黑点点，相当耐看的款式。

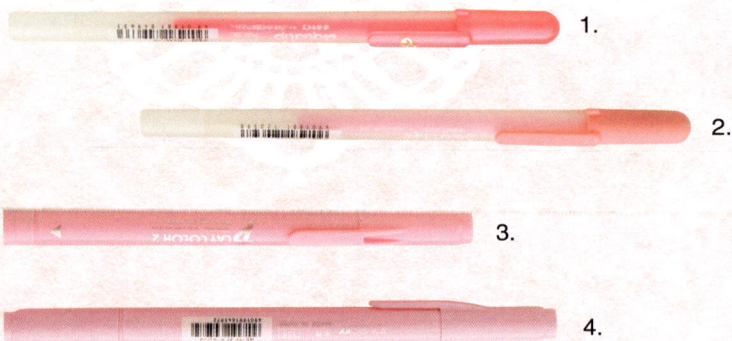

1. 2. SAKURA 樱花牌
PGB 耐水性中性笔粉红色

写出来的笔迹为闪亮亮的粉色，带有水漾的效果，用来画爱心最适合了！

3. 4. Tombow 蜻蜓牌
PLAY COLOR 2 双头彩色笔

双头彩色笔，浅粉和深粉各有各的精采，浅色适合用来打底，深粉适合用来写字。

1. Tombow 蜻蜓牌 P-Fit 可爱女孩夹夹笔限定色

可爱的淡粉色，因为是笔身很短，很适合置放口袋中，也可以挂在识别证上。

2. Tombow 蜻蜓牌 Air Press APRO 气压围裙笔

桃粉色的外观让人爱不释手，本身也相当好写。

3. Tombow 蜻蜓牌 Air Press 气压围裙笔花束系列

专门为女性设计的新款，除了有讨喜的粉红色，还有可爱的水玉图案，让人立刻购入。

PLUS 花边带收纳袋

于日本 Loft 购入，上面有甜美的马卡龙图案，相当讨喜，一次可以收纳六个花边带本体。

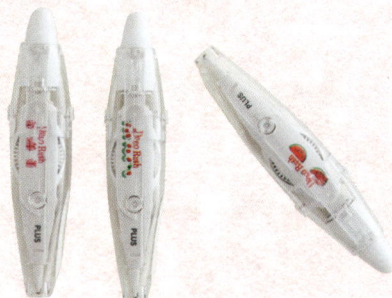

Midori 樱花回形针

于日本文具店购入的 Midori 樱花回形针，把这个独特的回形针夹在文件上，想起在京都清水寺赏樱的美好回忆，心情就会充满活力！

粉红色迷你双环笔记本

日本朋友赠送的粉红色迷你双环笔记本，内页为横条，是每天都会带在身上的物品之一，用来随意记录一些灵感或是账单明细，或当作便条纸使用。感谢朋友惦记着我喜爱粉红色的心情！

Mark's 纸胶带与 mt 纸胶带素色款

不同深浅的粉红色，搭配起来也相当好看呢！

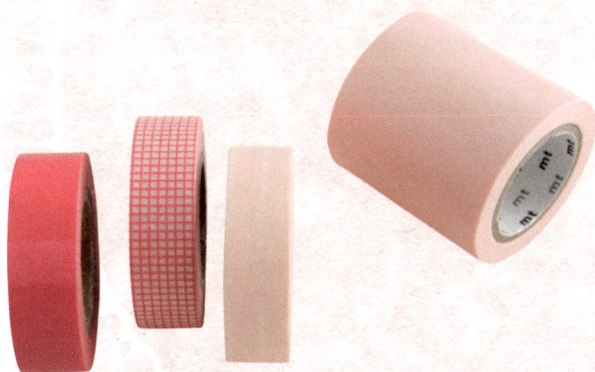

各式各样的贴纸

樱花贴纸绝对是贴在四月份行事历上的首选贴纸！粉红色小房子与熊
熊造型贴纸是来自于朋友的礼物，在此也感谢朋友们的馈赠，让我的
粉红色相关收集物更为丰富。

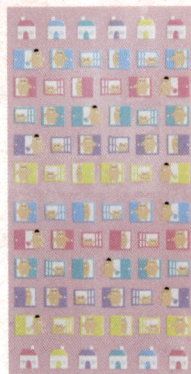

猫咪一笔签

在日本购入的，上面有美丽的粉红色樱花和小猫咪，
让人舍不得用。

粉红芭蕾舞女孩便利贴

每个女孩都曾经有过关于芭蕾舞的梦想吧！
意外发现粉红色搭配蓝色也很好看喔！

知音文创叽哩呱啦的卡片、便条纸

叽哩呱啦里的呱啦啦是一只可爱的粉红色兔子，
学生时代收集过很多呱拉拉的卡片喔！

日本 Gakken Sta:Ful 樱花祭限定明信片

好喜欢这样梦幻的风格，于是两张都寄给自己了。

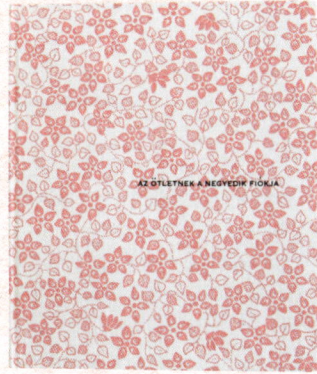

日本文具店 Charkha 的原创商品

东欧骨董布料制成的布面笔记本，粉色花朵的布料带出好质感，可一百八十度摊平，相当实用。

Tombow 蜻蜓牌一百周年推出的限量纪念款

蜻蜓牌于一百周年推出的限量纪念款，十色橡皮擦和胶棒，其中有三色就是粉色系，立刻全部买下。

About 潘幸仑

1988 年 6 月出生，从小就很喜欢文具，除了文具，最近也迷上烹饪与裁缝。利用模具烤出铅笔造型的饼干，或是以刺绣方式绣出一本笔记本与铅笔，总之，真的很喜欢文具。

Facebook：另一条岔路
www.facebook.com/HsinlunL!FE

爱文具无国界！

幸仑这次为文具手帖的读者专程飞往日本，
专访中村雪老师、こけしマッチ和 Ippo 先生，
这三位高人气作家、刻章家及杂货创作者，
了解他们的创作历程，不为人知的甘苦，
再一睹他们平时使用的文具、手帐和创作的手作品。

trico+

怀抱热情勇于挑战，成就插画职人的梦想！
——专访插画家中村雪老师

深秋的京都，处处充满迷人的枫叶或是银杏，幽静素雅的氛围让人眷恋不已。如果说古老的神社、寺庙、旧式建筑与街道，成就了京都迷人的外貌，那么居住在京都的职人、工匠与作家，其认真、沉稳、内敛的生活态度，成就了京都内在的精神。

每个旅人对于京都这座千年古都有自己的见解，以及私房散步路线、私藏店家，我也不例外，我的京都私房散步路线，是于周六上午沿着鸭川散步，在鸭川咖啡店吃一份轻食午餐以后，走到鸭川三角洲，再从出町柳漫步至叡山电铁的元田中站，最后来到位于北白川的杂货小店"trico+"，目前只有星期六下午 1 点到 5 点营业。主要是贩卖中村老师的书籍、拼贴作品、布艺作品、明信片和一些巴黎的骨董杂货。

而这家杂货店的主人，就是在台湾也拥有超高人气的插画家中村雪（Yuki Nakamura）老师，著有《京都文具小旅行》、《京都三六五日·生活杂货历》、《迷走京都樱花小旅》等书，目前居住在日本京都，从事书籍、广告、杂志等的插画设计，更在 2012 年时和奥田正广先生成立了"Petit à petit 有限公司"，贩卖以自己拼贴作品制作而成的杂货。我们的访谈，就在充满法式风味的"trico+"开始了……

中村老师最着迷的国度是法国，工作室里也有巴黎铁塔。

Q：请老师和我们分享您平常使用的文具有哪些呢？对您来说，文具在日常生活中扮演的什么样的角色？

A：写明信片和信的时候，我喜欢用钢笔，日常生活想要轻松写字的时会用 LAMY，正式信件则用 Pelikan Souverän 的钢笔。另外我也喜欢笔记本、剪贴簿，会使用不同纸张、邮票或纸胶带来拼贴笔记本的封面，成为独一无二的笔记本。

对我来说，文具就像是好朋友，是不可或缺的存在，并且能让人感到充实。

Q：老师曾在 2012 年 4 月 mt 台北展上担任 workshop 老师，您对台湾的印象如何呢？

A：台湾保留许多路边摊贩，这是较为传统、纯朴的部分，我觉得非常容易让人亲近，而且待在这里很舒服，有机会一定会再次造访台湾的。台湾人似乎对新鲜事物抱持兴趣，且个性千变万化的样子。

中村老师于 2012 年来到 mt 台北展上担任指导老师，其主题为拼贴纸盒。

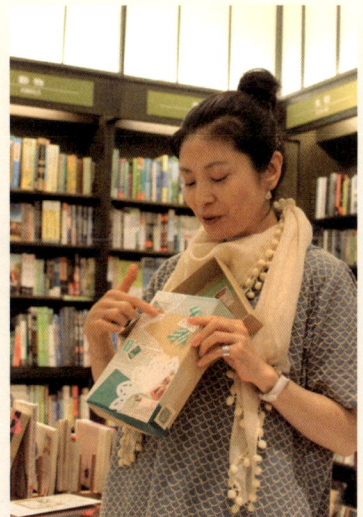

Q：老师也很喜欢纸胶带吗？平时有搜集纸胶带的习惯吗？如果有的话，大概从什么时候开始搜集的呢？

A：是的，我非常喜欢纸胶带，在纸胶带还没有像现在这么流行以前，就开始收集了。过去在美术用品社贩卖的纸胶带仅作为美术用品，只有褐色和绿色等，选择很少，我从那时候就很喜欢用了喔！

Q：您出生于福冈，成长于京都，如果要请您形容您心目中的京都是怎样的城市，您会怎么形容呢？您最喜欢京都哪一区呢？

A：京都是一个四季皆充满自然之美的城市，古老的寺庙和街坊，都和自然风景合而为一，令人感受到"慢活"的生活氛围。我最喜欢的地方是鸭川，沿着鸭川悠闲地散步，令人感到心旷神怡。至于最喜欢哪个地区，我觉得应该是左京区，因为这里有很多充满个性的书店、咖啡厅和杂货店。

Q：从《京都文具探访》这本书可以感受到，老师相当热爱古早时期的文具呢！可以和我们分享您是如何使用这些充满历史感的文具的嘛？

A：《京都文具探访》中我最爱的文具是纸制品。收集褪色的旧笔记本、报告用纸、标签、贴纸等等，对我来说是件非常开心的事。我会尝试把这些收藏品，融合在拼贴作品中。

Q：台湾人很喜欢来京都游玩，许多文具爱好者也非常喜欢老师的著作《京都文具探访》，如果要请您推荐几家京都文具店给读者，您会推荐哪些店呢？

A：《京都文具探访》中介绍的文具店都是历史悠久的文具店。40 至 50 年前制造的文具有的可能都是深藏不露，不一定找得到和书中相同东西。需要放慢脚步，慢慢地一次一次相遇。很多时候，都是多去几次店里，和店家变得比较熟稔后，才会发现这些物品。"天神"和"弘法"这两间，都可以轻松地在里头逛，推荐给来京都旅行的朋友。

Q：记得老师曾说过，您曾去过法国好几次，为什么会这么喜欢法国呢？您觉得法国是否给予您很大的影响或是创作上的启发？

A：我非常喜欢法国，尤其是巴黎，20 几岁左右到现在已经去过 39 次了呢！不管是新的还是旧的事物，在法国当地都相当受到重视，有很多工艺职人在那边认真生活着，我很迷恋那样的氛围。

巴黎充满许多以石头层迭的街道，充满知性的感觉，在巴黎时，几乎所有的事物都会变成刺激，幻化成创作的点子泉涌而来。

而在巴黎的时候，我租了公寓，在当地的传统市场买食材回家料理，过着像是当地人般的寻常生活，觉得非常快乐。

说着说着，我又想去巴黎了（笑）。

中村老师最爱的纸胶带收藏，妥善放在抽屉木盒里。有不少是限定款的纸胶带，相当珍贵。

中村老师充满浓浓法式氛围的手帐拼贴。

不论是异国的车票、地图、标签，还是在文具店里
购买的各式纸张，这些都是拼贴的好材料。

Q：老师从五岁就开始学习绘画，想请问老师在创作的路上，是否曾碰过什么瓶颈或困难呢？可否和我们聊聊您的创作经历？

A：一开始以插画家为目标刚开始接案还是新手的时候，碰到非常多困难。例如和一百间出版社、设计事务所、广告代理商等接洽，只有三间愿意看我的作品，而且对方还不一定有好的评价、不一定能接到案子。但是我从没放弃过想成为插画家的心愿，而这份心愿也是支持我二十五年一路走来，以及未来也会持续做下去的动力。

Q：许多年轻朋友也想要成为插画家或是手作者，老师会想给予他们怎样的建议呢？不管是心理建设，或是需要必备哪些专业的能力？

A：我认为一个人可以把"喜欢的事"当成工作，当然是非常快乐的事，但是要当成事业，必定会经过一番挣扎和磨练。如果你的插画作品不能达到客户的要求，充其量只是自我满足的作品而已。

建议年轻人不要害怕失败，要勇于挑战，就算丢脸也真的没有关系，把这些经验转换成动力，勇往前进。并且要尽可能多到许多地方旅行，放开心胸欣赏更多各式各样的东西，藉由欣赏电影、美术馆以及职人制作的作品来培养鉴赏眼光，而且要常常记着这些事情。

虽然有专门技术或是相关学历是比较好的，但是也有很多人是靠着自学变成专业职人的。我自己也没有特别去念美术学校，我认为本身有没有热情，有没有强烈企图心才是最重要的。

Q：プティ・タ・プティ株式会社（Petit à petit 有限公司）成立也满一年多了呢，可否和台湾读者介绍一下贵公司的经营理念与品牌精神呢？另外想请问，在日本哪些店家可以购买到贵社的商品呢？

A：公司名称 Petit à petit 是从法语旧俗谚中选出来的语汇。

Petit à petit l'oiseau fait son nid. 意思是鸟儿叼起一根根树枝，一点一点地筑巢。我认为这句话代表透过每天小小的努力，不断重复累积就能获得大大的成果。

现在由社长奥田正広负责图像处理，中村雪负责插画。结合这两项，相互产生力量，利用这股能量，期望作品能具有留存于心的颜色、线条、型态以及概念。在日本的店家除了北白川的"trico ＋"外，也可在京都岚山的"Platz"购买。

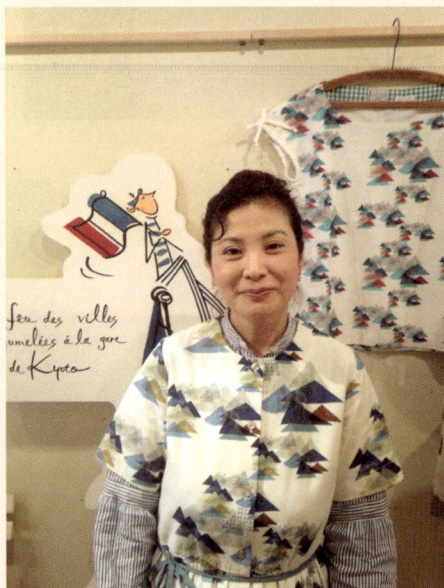

结语

曾经在 2012 年 mt 台北展上的工作坊和中村老师有过一面之缘，非常荣幸能借着采访的机会再次见到老师。

"不管遇到任何事，都要持续做喜欢的事，必须要抱持这样'强烈的心志和心情'从事插画工作才行。"老师以温柔但是十分坚定的声音和我说，这也是访谈中我印象最深刻的一句话。尽管一开始的插画之路并不顺遂，但正是因为有这份坚持与不放弃的精神，老师最终也一点一滴实现了自己的梦想。

Petit à petit 官方网站
http://petit-a-petit.jp/

Ippo Tanaka（田中一步）

感受温暖的独特力量！
——专访手刻胶版章达人 Ippo Tanaka 先生

温馨的小房子、线条独特的树木、俏皮的 26 英文字字母人物……这些风格独特的手刻胶版章，让人感受到一股温暖的力量。若你曾经看过日本手刻章达人田中一步（Ippo Tanaka）先生的手刻胶版章，一定会对他细腻的雕刻手法留下深刻的印象，同时也会有小小讶异：原来这些可爱的印章是出自于一位大男孩之手。

1975 年生的田中先生是日本兵库县人，目前定居大阪，有着腼腆的笑容。现在的身份为全职手作者，除了专攻手刻章外，也从事艺术相关绘图工作以及多媒体艺术工作，作品相当多元。田中先生从 2007 年夏天开始刻章创作，至今已经迈入第 7 年，透过专访，和大家分享他一路走来的创作心情还有他爱用的文具。

Q: 田中先生的刻章是自学的吗？可否和我们聊聊当初开始刻章的契机？

A: 刻章主要是自学。七年前我开始思考，该用什么方式表达文字无法诉说的心情。在思考这件事的时候，我的伙伴教我如何刻制印章，正因为如此，开始了创作手刻章之路。

Q: 请问田中先生平时在刻印章时会使用到哪些文具呢？平常爱用的文具有哪些？

A: 刻胶版章需要有雕刻刀、美工刀、铅笔、橡皮擦、图章橡皮、软橡皮擦、尺、版画板、复写纸、钳子、印台、吹风机等这些工具。
平常会使用的文具包括铅笔、笔记本、素描本、制图笔、色铅笔、水彩、Copic 马克笔、笔记本、素描本等等。文具对我来说是最贴近的物品，也是落实创意不可缺少的物品。另外我也搜集了不少纸胶带，不论是用来包装印章，或是制作彩旗，都非常好用喔！

田中先生最喜欢 mt 和仓敷意匠这两个品牌的纸胶带，因此收集不少。

Q:：请田中先生和我们分享您的笔记本和内页。

A：我的笔记本是 Midori 的 MD Notebooks，这本笔记本质感相当好，因为是空白的封面，可以在上面自由彩绘，成为独一无二的笔记本。里面主要记录一些创作方面的灵感、读书笔记、工作记录，还有水彩的试色。总之就是写满各式各样的东西，我也喜欢画一些小插画搭配文字。

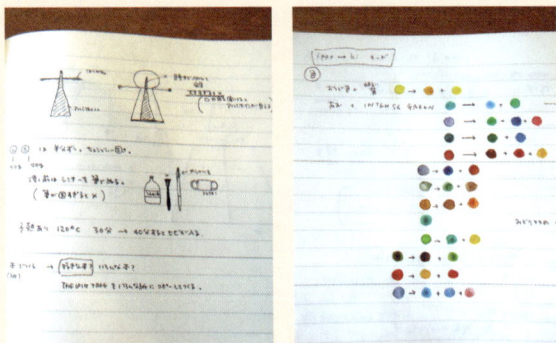

可以自由彩绘的纯白封面笔记本，缤纷的色彩深具了 Ippo 的风格。

令人好奇的刻章作家手帐内容。

Q:台湾最近这几年也很流行刻橡皮擦印章，但是刻制胶版章的作家目前还算少数。想请问田中先生，橡皮擦（"消しゴム"）和胶版（"はんが版"）是两种不同的材质，您为何一开始会选择胶版来刻印章，两种材质间的差异性与优缺点各是什么呢？

A：从 2007 年到 2011 年夏天这段期间，其实也是使用橡皮进行创作，当时尚未接触过胶版。橡皮的魅力在于，这种材质很软，容易雕刻，力道较易掌握，因此比较容易学习。

而胶版则是非常硬。我一开始雕刻时，也没办法刻得很好，但同时却也激发自己想要挑战制作较困难作品的欲望。

另外，从开始制作橡皮图章时，就希望在贩卖印章的同时，自己细致的雕刻技术能被看见。可是因为橡皮材质非常软，且容易受损，所以很难让顾客拿在手上把玩，也很担心会被顾客不小心弄坏。就这点来说，胶版章就不一样了，比较能安心让客人拿在手上，近距离欣赏图样。

Q:田中先生的刻章作品相当可爱又充满童趣，有些不知情的朋友会误以为是女性的作品。身为一位男性，在以女性作家为多数的刻章界里，您是否觉得男性的身份会让您受到不同的注目吗？

A：能被说"充满童趣"真是太开心了！很多人看到我的作品，的确会误以为是女性作家的作品，也有很多人会大吃一惊。但是，倒没有因为身为男性作家而受到更多注意。（笑）

恒久耐用，更能实现创意想法的胶版印章。

田中先生创造的可爱小男孩 dai-chan，是其代表作品之一。

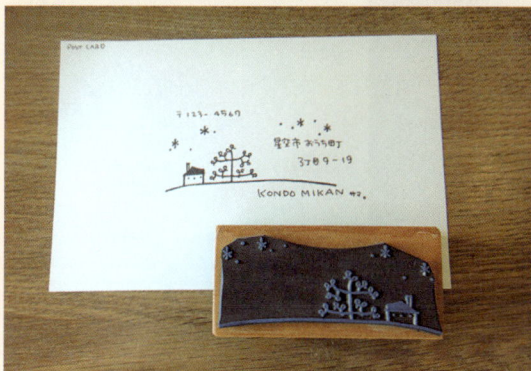

刻好的印章盖在纸上，再涂上缤纷的颜色，即成为独一无二的包装纸。图中的角色为 mokumokus。

Ｑ：您的作品中常可以看到"树"还有"小房子"，想请问您，这两样事物对您来说是否有什么特殊涵义？

Ａ：我喜欢家。我想对我来说，"家"就是能够自在展现自我本质的地方。而从我家看出去，能看到很多树喔！树一直牢固地站在同一个地方，延伸它们的根，变化不同的姿态，例如说叶子的颜色有绿、黄、红、褐色等，而叶子掉落、变枯木，然后又长出新芽等等，一棵树可以拥有如此多采多姿的样貌，不是很吸引人吗，这也是我如此热爱树的原因。

Ｑ：对于也想学刻章的朋友，或是希望能把刻章当成工作的朋友，您会给予他们什么建议呢？

Ａ：很多书都有介绍手刻章的制作方法，只要多练习就可以驾轻就熟。但是学会了之后才是重点，你必须要做出独特以及能展现自我世界的作品，这才是最棒的事。

Q：在从事刻章工作时，您是否曾碰到什么困难或挫折？可否和我们分享您的经验与当时的心情？

A：有时候会有客人要求做出季节或十二生肖的印章，这时候我就会觉得蛮头疼的。以前我会拼命地去达到客人的要求，但是却做得不是很开心，因为这样的作品已经不像自己了。虽然那时候的经验，已经转变成现阶段的精神粮食，不过仍然觉得在确认自己风格的这条路上，真是痛苦啊……

Q：要有独特的风格真的很不容易呢。想请问田中先生，您觉得从出道以来，有哪一些代表作品呢？就是一看就会让人觉得"这就是田中先生的印章"？

A：一直以来，我都相当坚持创作出独特的作品，目前已经有小屋、树木、Maru、Shikaku、Dai、Mikan、Mokumokus 等，一看就知道是 ippo 设计的特色图样或人物。能制作自己设计的印章，真的非常快乐！

Q：最后想请问田中先生，您会如何形容自己的创作风格呢？

A：制作我喜欢的、我想创作的。

↑ shachihata 印台是田中先生最爱用的印台。

↑ 可爱的迷你橡皮章，是以田中先生亲手绘制的图稿，再以机器量产的。

↑ 刻好的胶版印章，每一个印章都让人想拿起来细细欣赏。

结语

从访谈过程当中，可以深深感受到田中先生对自己有很高的期许与标准，总是想要挑战更多不同的创作素材，让作品更多元、更精进。这份对于创作的热忱，令人相当感动，更令人想要好好看齐。

田中老师著有合辑书《橡皮印章雕刻速学 10 分钟上手！》，有兴趣学习刻章的朋友可以参考喔。

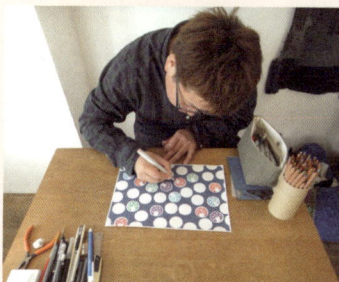

Ippo Tanaka dekotoboko

田中一步的官方网站：

http://www.keshigomuhanko-ippo.com/

こけしマッチ制作所

旧时代产物，注入巧思与设计也能找到新定位！——专访杂货设计"こけしマッチ制作所"成员

只要你曾经看过"こけしマッチ制作所"出品的火柴盒，一定会对那充满童心与设计感的火柴盒留下深刻印象，没想到火柴盒也可以这么可爱！即使已经有了方便的打火机，肯定也会忍不住想掏钱购买一盒吧！

由山田晶子、平坂公美、西海真辅三人共同经营的こけしマッチ制作所，他们赋予了火柴盒一个全新的样貌，更多了疗愈的功能，让我们看到了一个现象："即使是旧时代的产物，若能加上一些巧思与设计，也能找到新的定位，不被时代的洪流给埋没了。"

こけし是日本东北地区的传统木制人偶，又叫作"木芥子"、"小芥子"，其最大的特征是没有手脚，只有大大的头与身躯。平坂公美小姐在看到火柴时，灵机一动，认为火柴的外观很像是小芥子，可以结合这两者的特色，创造出充满日本风味的火柴盒，推出后果然大受欢迎，也成为小芥子的发源地——宫城县鸣子温泉的热门伴手礼喔！

不过，因为火柴寄送不易，没有办法广泛地销售，于是他们决定推出文具等其他杂货，今年就推出了纸胶带！想要了解他们三个人的创作历程、爱用的文具，以及未来会推出哪些新品，请继续往下看！

山田晶子、平坂公美、西海真辅三人的可爱自画小火柴！

Q：请平坂小姐、山田小姐还有西海先生简单和台湾读者自我介绍一下您们的职务。

A：平坂：我在こけしマッチ制作所担任"制作员"。最近制作（商品设计）的工作比较少，主要在忙着把商品从关原寄到西日本。另外也负责向工厂下单。这两年来的生活重心为照顾小孩。

山田：我在こけしマッチ制作所担任"营业员"。最近营业工作也较少，大部分都在从事采访工作。以及负责把商品从关西地区寄送到东日本。平常是自由文案工作者，在家工作。

西海：我在こけしマッチ制作所担任"IT"。虽然公司有分职责，但是企画新产品时，大家都会一起思考和讨论。IT 的工作主要是管理网站和脸书。

平坂小姐在小孩的文具上贴上纸胶带，方便分类。
上方的玻璃瓶，则是两岁大的小朋友用纸胶带自行黏贴的喔。

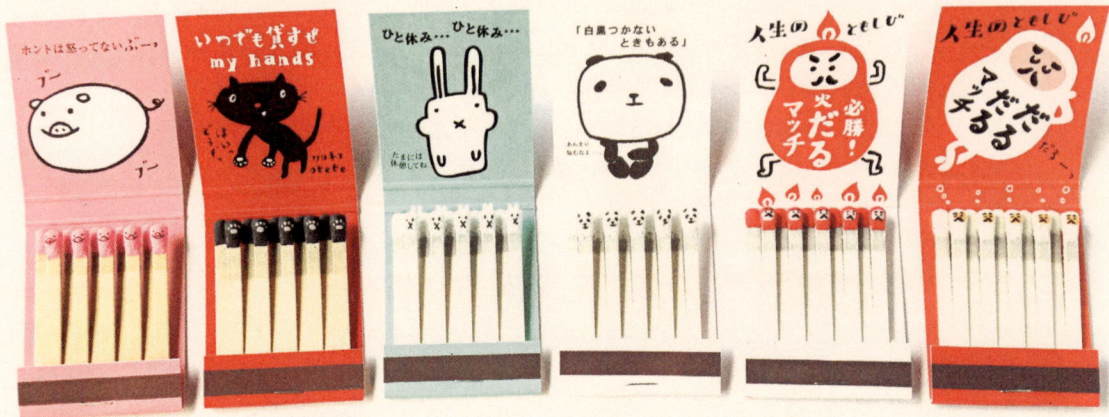

Q：请问您们三人是否有来过台湾？对台湾的印象如何？

A：平坂：我是大阪人，目前也住在大阪，曾和山田小姐一起到台湾旅行过一次。台湾的食物真是太好吃了，还有当地人真的很亲切。我们在捷运打开地图叽叽喳喳讨论时，就会有人主动且亲切地告诉我们路要怎么走。下次还想去台湾！

山田：我是福冈人，在大阪的公司工作过两年，因为工作认识平坂。已经到过台湾四次了喔！第一次和平坂去，后来三次都是一个人去旅行。旅行中，多次受到台湾人亲切的帮忙，非常感谢。为什么当地人都那么和蔼可亲呢？每次到台湾，一定都要去夜市！还有诚品书店也是非常棒的地方。另外讲一个题外话，台湾人好像很喜欢用日语的"の"这个字耶？

西海：我是大阪人，目前住在大阪。还没去台湾，但是印象中台湾人好像非常亲切，也听说茶和食物很好吃，有机会一定要去。

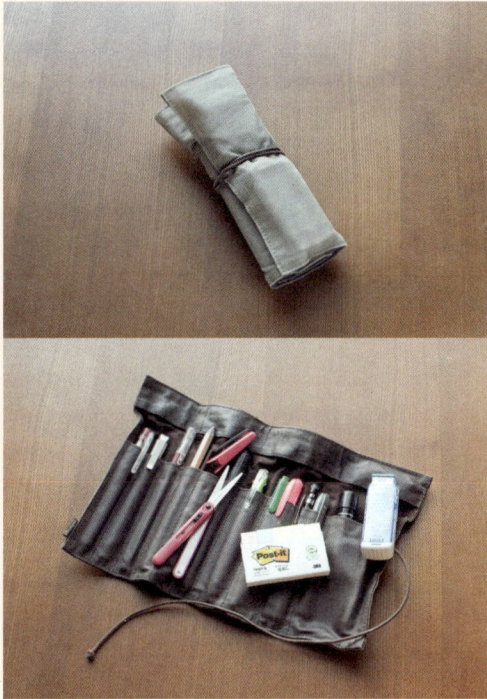

西海的铅笔盒
我很喜欢这种笔卷式的铅笔盒，一摊开来，所有的文具一目了然，可以快速找到自己想要的笔，非常方便喔。

Ⓠ：请和我们分享你们平时爱用的文具物品。

Ⓐ：平坂：最喜欢纸胶带了，会把纸胶带用在我的小孩（2 岁）的物品上。例如在儿童玩具上贴上纸胶带。

山田：平常会选容易使用的文具。笔是用 Signo 的黑色 5mm。也会库存替换笔心。

西海：最爱用的文具就是每天都会用到的"ほぼ日手帐"，除了手写的记事本，也会利用 google 的在线记事功能。

Ⓠ："こけしマッチ制作所"成立多久了呢？火柴盒上的图案是由哪一位所设计的呢？

Ⓐ：1994 年，平坂在广告公司工作时，以"箱子"为主题策画团体展览，火柴只是展示物。那时候，平坂以手绘方式在火柴头棒上画出各式各样的表情，展览结束后作品放在平坂家的柜子里好一阵子。2000 年，山田在东京的跳蚤市场上卖出一个火柴盒，所以我们才开始决定当成商品量产。所以说，こけしマッチ是从 2000 年开始的。每次要推出新产品时，三个人会一起发想思考，最后由平坂绘图完成设计。

西海的日手帐
我是 HOBO 日手帐的忠实支持者，很喜欢一日一页的格式，把突然浮现的想法记录在手帐上，可以得到很多灵感喔！

山田小姐的爱用文具
于邮局购买的封箱胶带，是打包包裹时的好帮手喔！

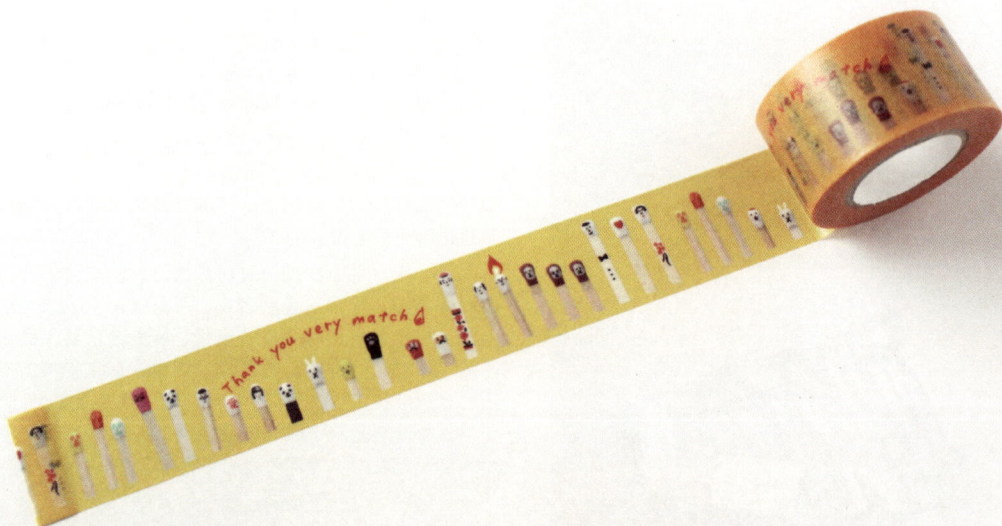

こけしマッチ制作所的独家纸胶带。

Q：请问こけしマッチ制作所的经营理念是？在日本哪些地方可以购买到火柴盒呢？

A：我们的经营理念和品牌精神就是："希望创作出没有也没关系，但有了会更开心，令人会心一笑的物品。"
商品可以在日本大型店铺以及 Loft 部分分店、杂货连锁店 COMMUNICATION MANIA 购买到喔！另外一些小型店家也有，可参考官方网站上的数据喔！

Q：在贩卖火柴盒时，是否曾遇到什么困难和烦恼呢？

A：我们常常收到海外消费者来信说想要购买，但是碍于规定，火柴真的很不方便寄送。虽然不是不可能，但因为属于危险物品，运费很高，手续也相当麻烦，以至于大多数时候也只能婉拒海外订单。

Q：贵社所推出的纸胶带非常可爱！为何会想要推出纸胶带呢？可以和我们介绍这款纸胶带上的图案吗？

A：由于火柴寄送到海外等会有限制，所以才想做一些不会引燃的杂货，也就是非火柴的物品。
决定要做纸胶带，是因为我们当初参加了 mt 纸胶带设计比赛，后来觉得我们自己来做不是更好吗？所以就开始了（笑）。担任 IT 工作的西海发现 mt 纸胶带也有接受小量的客制化纸胶带，所以我们实验性地制作，尝试过各种图案，最后决定了最こけしマッチ制作所的图案。把 "Thank you very much" 的 much 变成 match，也连结了火柴的意思喔！

Q：贵社未来是否有打算推出什么样的新产品或是杂货、文具吗？可否跟读者透露一下？

A：想做出相扑纸等等其他纸制品，希望是国外买家也会喜欢的作品。

结语

在对团队三人采访的过程中，可以感受到他们热爱文具与杂货的心情，想要把更多美好事物带给大家。如果想要了解更多火柴盒的诞生历史和过程，可以参考《手作杂货卖家养成手册》这本书喔！想把手作当职业，却不得其门而入吗？想要学习如何把手作商品化吗？也可以参考这本书喔。

こけしマッチ制作所
http://www.kokeshi-m.com

【Stationery News & Shop】

《文具手帖》的最大使命之一，就是不断开拓读者们的文具杂货视野，
所以这次我们除了要去平面巡览 mt 纸胶带东京博，更要飞出亚洲，抵达美国，
看看太平洋彼端的国度，文具杂货设计又会给我们带来什么样的视觉享受。

YOLK，让你心暖无比的家具杂货小铺 —— by KIN

POKETO，藏身于洛杉矶艺术区的设计工艺发声站 —— by KIN

纸胶带迷一逛就瞬间自燃的"2013 年 mt 东京博！" —— by 汉克

在纸的旅程中玩味生活！—— by 毛球仙贝

YOLK

让你心暖无比的
家具杂货小铺 Text · Photo by KIN

　　位于洛杉矶市中心附近名为 Silver Lake 的小山丘，有一种远离 LA 的宁静、闲适感。在 Silver Lake Blvd. 上并列着著名的咖啡厅、二手家具店、独立品牌服饰店以及设计家具小铺，YOLK 就身处于这一小区的店家之中。

　　一间以白色为基底的小店，同时以红、蓝、黄统一了店面设计。橱窗前的球型仙人掌们更是为 YOLK 增添了南加州气息。显眼且热情的店铺外观，就这样夺去了其他店家的光彩，呼唤着喜爱文具以及家饰的人们。

　　已开业十年的 YOLK，店内商品来自世界各地，从纯美国制造到北欧国民品牌 Marimeko、来自日本的小物到与洛杉矶本土艺术家所合作的家居品与饰品，YOLK 的商品并非只局限于一种类型，从文具、厨具到家居用品，琳琅满目。在店中，你绝对可以找到许多生活必需

品。这些具设计感与手艺感的商品，触动着喜爱杂货人们的每一寸神经！

YOLK 这个小巧别致的杂货小铺，麻雀虽小但五脏俱全。所有你可以想象的家居杂货、设计小物都可以在这里找到。注重家庭感的 YOLK，有着大量的料理类书籍，以及与其相衬的餐具用品。更有许多住家空间相关的商品，从香氛产品、厨房用具、设计杂货到可以亲子同乐的小型手工艺制作组等。

进入 YOLK 会让你有进入家中的错觉，色彩鲜艳的餐具杂货，餐桌上方的木制吊灯以及铺上满溢职人手感的抱枕与床铺，摆放着来自世界各地书籍的书架。站在店铺的中间，真的会有莫名的购买欲望袭上心头，小心别被 YOLK 的店内陈列魔

力带走！而这股刺激着消费欲望的陈设也正是让顾客流连忘返的原因。

走进 YOLK，最先映入眼帘的是一条长廊，将店内划分成两个空间。出现在左手边的是围绕着柱子的四面木制陈列架，陈列着丰富色彩的厨房用具，像是来自 marimeko 的餐具组与围裙等产品以及 Pantone 系列的马克杯以及牛奶砂糖组。也可在其中一面墙面上看到由当地手工职人所制作的趣味动物吊挂勾。

* 当地艺术家所制作的抱枕。

往左侧内部走去，即可看到陈列于左侧墙面上的精致玻璃制品，有品酒杯、杯盘组、咖啡壶以及食品收纳罐。明亮的陈列方式，绝对会让你心花怒放，等不及想将眼前所看到的商品带回家中。但请先等等！就在当你还正在思考着要购买哪款餐具的时候，出现在你右侧的是整齐摆放在木制餐桌上，让你目不暇给的料理相关书籍。从料理的基本常识，到品酒的教学等各式种类的书籍仿佛就在你耳边轻声地说着："选一组喜欢的品酒杯，再带上一本品酒或是料理书，开始安排你的周末派对吧！"是的，这就是 YOLK 的魔法！完全站在顾客的角度思考，并巧妙地为顾客安排购买路线。

由 SoIA 所设计，
带有 LA 字样的马克杯。

✳ 巨大的充气地球仪。

✳ 充满趣味的西岸、东岸杯垫，
两个拼起来之后就出现完整的
美国地图！

✳ 有着这可爱包装的笔记本组（包装外观）。

✳ 多元的万用卡片，不用担心找不到合适的节庆用卡。

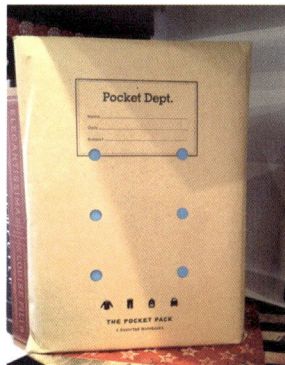

✳ 笔记本组的内容，共有四种不同尺寸的笔记本。

在料理书籍的后方，可看到另一个围绕着柱子的木制陈列架。不同于入口处的陈列内容，此木制陈列架跟隔壁墙面陈列区是以文具杂货为主。有着各式各样的设计小物，如耳机、设计款笔记本组、多种各式各样的桌上用品组、设计类书籍等商品供你选择。穿过设计小物区之后，即可看到许多甜美设计的万用卡片排列在走廊两侧。但如果不想要买现成卡片的话，YOLK 也也提供给你一个自制卡片的选择——纸胶带以及各式各样的胶台。

✳ 位于店铺中央的木制陈列架，以万用卡片与设计小物为主要商品。

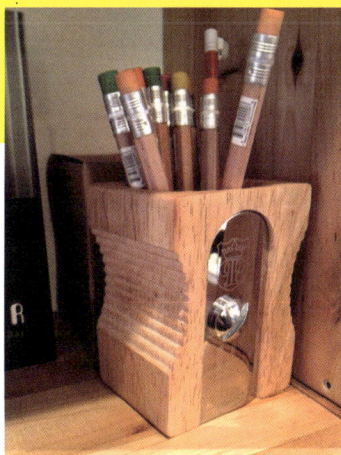

✳ 以削铅笔机为概念的木制笔筒！

✳ 动物形状胶台。

* 手作饰品陈列区。

　　若你喜爱手工艺品更胜过大量制造的消费工业制品，善于站在顾客角度思考的 YOLK 当然也规划出了手工设计区块来满足顾客的需求。在主要走道上的两侧，有着三种不同款式的陈列架，摆设着来自美国各地，提供不同种类、需求的手工制品。墙面上的陈列架有着以皮件、木头为主的手工项链、零钱包、收纳包以及手机吊饰等配件小物。在墙面陈列架的对面则有着两款玻璃柜，分别摆放着以金属材质所制成的饰品小物，从小型的耳环、手环，到项链等精致手工艺等，让喜爱手工艺配件的你能够尽情挑选。

　　然而 YOLK 带给你的惊喜绝非到此结束，往店内深处走，即可发现店内风格从温馨家庭风转变为婴儿用品杂货铺以及儿童书店。

孩童区与店铺前方散发着不同的气氛，一样严选来自世界各地的商品，并在店内规划出儿童绘本阅读区。有着众多的儿童绘本，让家长跟小孩都能够享受在 YOLK 的充实时光。不同于一般同类型的店家，YOLK 除了规划出了孩童杂货区，更引进了多种以婴儿为主的商品，满足了新手爸妈的需求。

YOLK 的魔力是惊人的，因为它永远贴心地站在家庭的角度思考，并准确地为每个家庭提供完美的解决方案。让小孩跟大人都能够在 YOLK 中找到自己喜爱的商品，更能在其中度过充实的时光。

以家庭为出发点的杂货小铺，是 YOLK 为自己所找到的定位，也是其最迷人的地方。来到 YOLK 就像到一个热情的朋友家中做客一样，你知道你可以在这边找到你所必需的一切。怪不得离开 YOLK 的午后，整个心都变得暖暖的！

【YOLK 店铺信息】

网址：www.shopyolk.com
地址：1626 Silver Lake Blvd., Los Angeles, CA, 90026
电话：+ 1-323-660-4315
营业时间：周一中午 12 点至晚上 6 点
　　　　　周二～周五中午 11 点至晚上 7 点
　　　　　周六早上 10 点至晚上 7 点
　　　　　周日早上 11 点至晚上 6 点

POKETO

藏身于洛杉矶艺术区的
设计工艺发声站

Text · Photo by KIN

位于洛杉矶 Downtown 内的小东京 (Little Tokyo)，充斥着各种日本餐厅、民俗技艺店家以及小型日式超商。对当地喜爱日本文化的民众来说，是一个不可多得的小型观光景点。在小东京的旁边更是另辟出了一区"艺术区 Arts District"，在艺术区中，有着一栋栋被艺术工作室所填满的老式公寓，当你从小东京旁的东四街（East 4th Street）进入到东三街（East 3rd Street）中，路上两侧狂乱不羁的艺术气息，仿佛欢迎着你来到了特有的魔幻世界。都市丛林的感觉从身后慢慢褪去，转而代之吸附在身上的是嬉皮、庞克的流行次文化。往前走个几步，带着一股文青雅痞感的文具杂货店印入眼帘。

是的，欢迎来到 POKETO。

✳ POKETO 的立型店牌，常见于美国商店门口。

由夫妻档 Ted Vadakan 与 Angie Myung 共同创立的 POKETO，从 2003 年开始经营网络店面。以"将艺术与设计带入生活"为理念，开始收集着来自日本、韩国以及欧美设计的杂货小物，并与来自各国设计师与插画家合作开发自家商品。2012 年 6 月，他们正式在洛杉矶 Downtown 的艺术区中开设实体店铺，让喜爱 POKETO 的朋友可以在实体店铺中感受到有别于网络购物的消费实感。

从店面就能发现，POKETO 是一间带有些许日韩气息的店家。简单，没有多余的装饰，就像在日本自由之丘或是下北泽中可看到的欧美风杂货店一样。而选择在临近小东京的艺术区中开店，就像是向顾客传达着 POKETO 所拥有的特色——完美融合了东西方文化的生活杂货飨宴。而鲜红色大门就如同管家般，领着你进入 POKETO 所精心设计的文具杂货世界。

✳ 色彩鲜艳的店家外观。

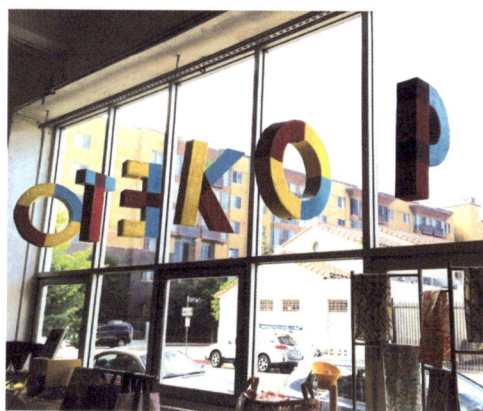

不同于一般美式杂货店所嗜用的昏黄灯光，POKETO 充分利用两面大型窗户，引入日光，让顾客在室内也能感受到加州的温暖阳光，店内搭配上些微的装饰光，营造出了舒适感。或者你可以说这是 POKETO 的诡计，让悠闲舒适的购物空间开启了深藏在顾客心中的购买欲望。两侧的巨大窗户可说是 POKETO 的门面，从窗户洒入的阳光，主导了空间的气氛。在入口右侧的大型窗户上，让你远远地就可以看到从天花板悬挂而下，随着空气恣意飘动的 POKETO 字样，就像在对着顾客预告着入门后的缤纷多样世界。

进入 POKETO 后，其空间之大让人感到惊异。在左右两侧的中央空地上放置了数个中岛平台，作为商品展示以及陈列之用。店员运用了右侧、靠近收银台的空间作为他们的主题陈列区，主题随着季节而变换着。夏天以暑假为主体，在平台上摆放了一台乐活风脚踏车，并在脚踏车的四周摆放着周边商品，从脚踏车专用购物袋、野餐篮到相关书籍，充满着出游氛围；秋天则是以郊游以及食物来作为主体摆放着相关商品，从下午茶用的日式精品茶壶、木制餐具到介绍食物的书籍，吸引着顾客的眼光。

夏季的特色陈列。

秋季的特色陈列。

身为一间复合式商店，POKETO 所贩卖的商品种类五花八门，从设计书籍、文具、小物饰品、香氛美容商品、餐厅用品、服饰贩卖到孩童用品应有尽有。每样商品都以简洁的木制展示架清楚地划分着。恰到好处的小物陈列，有着专场效果，不但为视觉创造了喘息的空间，更掌控了空间的流动感。

在店里可以看到各式各样的生活用品，如香氛商品、生活配件等各种类商品。特殊的香氛蜡烛当然要选择趣味十足的火柴盒作为搭配，可爱的外观让人一看到就毫无疑问地爱上了！ 在香氛区的对面，则是以午茶作为主题的茶具咖啡类商品为主，选购了来自日本与美国的茶壶，干净饱满的颜色，再搭上与插画家 Lisa Congdon 合作所推出的 Tea Towel，一个美好的午茶时光仿佛就在眼前！除了茶具咖啡之外，以竹编而成的置物柜也是家居区的一大亮点，大大小小的竹编收纳桶有着融入家居空间的魔力，不管放在哪里，都能成为焦点。

与插画家 Lisa Congdon 合作的 Tea Towel。

设计感十足的开瓶器。

有着趣味设计的火柴盒。

　　店里部分墙面，是以设计配件为主。有精心选购的手机套配件，更有来自BAGGU的休闲包款，搭配上旅游相关的书籍、绘本及设计商品，更是提供了顾客对于异国风情的无限遐想。右边中间岛桌则是以设计艺术类书籍为主，为顾客带来最新颖、最另类的设计信息。

＊旅游相关商品陈列区。

＊选题丰富的艺术设计书区。

　　店内还有另一区域，则是以当季服饰、服饰配件、孩童商品以及纸制杂货为主。精致的手工配件，从皮件、项链到耳环，一定会让喜爱时尚小物的你目不转睛地盘算着下一个结账目标。而在孩童商品区则是以两个中岛作为陈列区，并在后方设计了休息区，作为爸妈能够跟孩子一起同乐的空间。

＊在休息区前方的儿童绘本与可爱布偶的陈列区。

＊跨年龄层的趣味玩物陈列区。

在休息区前方的中岛以儿童绘本与设计布偶为主，让孩子不但能够轻松阅览，更能与可爱的布偶们一起游玩。而在换装室旁边的中岛区则是以跨年龄层的趣味小物以及手艺小物为主。对我来说更是传达了店铺精神的主要商品区：玩心！你可以看到精致的橡皮章制作组合，以及种类丰富的涂鸦本跟木头制色铅笔，还有来自日本的小型陀螺。每一个商品都是为大人小孩所精心挑选的。

* 木质彩色铅笔。

* 满载的商品与绘图着色本。

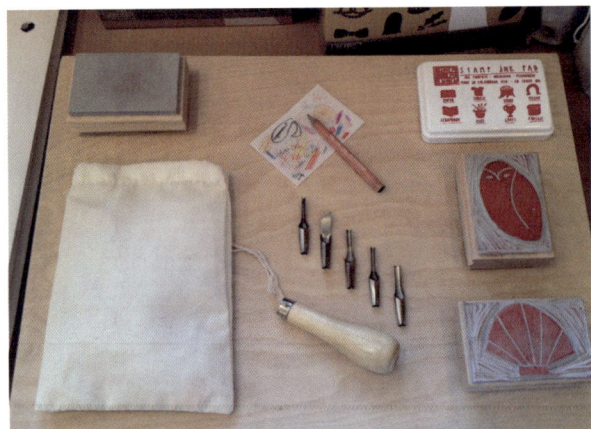

* 精致的橡皮章工具组。

而在休息区左侧墙面上，则是以日韩风格的文具小物为主。笔记本、剪贴簿、色彩丰富的自动铅笔，以及具有玩意的万用卡片等，更是为加州的文具控带来了新鲜感！

除了引进外来商品之外，POKETO 本身也有发展自家品牌。在左侧墙面上的"Artist Wallets"即为其中一项主要商品线。他们运用了自身的设计背景，与国内外的艺术家及插画家合作，运用丰富的图样资源，推出此款简易大方的小型皮夹。

✳ 款式众多的 Artist Wallets 陈列区。

然而，POKETO 的眼光不只停留在设计艺术领域，它更将产品线延伸到手工艺领域。设计出了一系列简洁却又不失可爱的生活配件，从小型的分类袋，到笔电包，再到后背包等商品。此外，POKETO 更善用空间来举办定期的设计、手工艺工作坊（Workshops），积极创造设计师与顾客间的互动机会，让喜爱 POKETO 的顾客能够亲身接触设计过程，进而对品牌产生更深的认同感。

POKETO 是个会持续带给顾客惊奇的设计杂货店家。当我第一次踏进店内，我就深深地爱上了它。喜爱他们对空间的运用，以及对产品的选择方式，最让我感到惊异的是他们在连结顾客与品牌上所作的多方尝试。不甘于只作为一间单纯的杂货店铺，而是积极地创造更多产品线以及推出更多的合作设计商品，提供给顾客更多的选择，也为自家品牌注入更多的创新。POKETO 的好请各位一定要亲自来到店铺中细细品尝，相信你们也会跟我一样爱上 POKETO！

About KIN

从台北到洛杉矶，爱玩的习性不变，一有时间就往外跑。不停追求着拥有丰富色彩的事物。略懂设计、杂货、手工艺与艺术，目前正在努力为自己丢入艺术这个大池塘中。

【 POKETO 店铺咨讯 】

网址：www.poketo.com/
地址：820 E. 3rd. Street, Los Angeles, CA 90013
电话：+ 1-213-537-0751
营业时间：周一～周五 中午 12 点—晚上 7 点
　　　　　周六～周日 早上 11 点—晚上 7 点

纸胶带迷一逛就瞬间自燃的
2013 mt 东京博

Text・Photo by　克

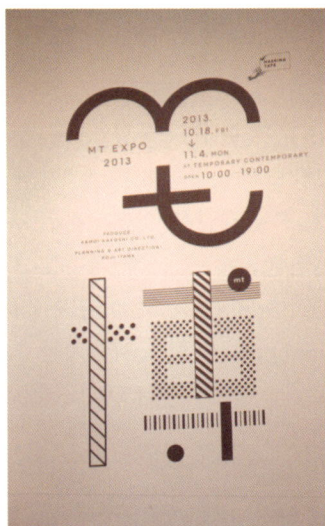

说到纸胶带，第一时间当然是想到 mt 啦！原名 Masking Tape 的纸胶带，从平时画水彩的好帮手，演变至现在的文具逸品，我想连纸胶带本人都很讶异吧！各式各样的花色，还有随时节变化的季节风情等，都是纸胶带的魅力！这次可说是运气极佳，在机票和饭店都确定后，才看到 mt 放出这次东京博的消息。旅途中能参与年度大活动的 mt expo 实在是太感人了！走，一起败家去！

好神秘——mt expo

这次 mt 博一改往常大张旗鼓的风格，释出的信息除了场地和交通外，对于会推出的新款完全没有画面，再向各位读者报告一次，通通没有画面……就连被新款长草都没有的状况下，准备饱饱的荷包与期待又怕受伤害的心情，打定主意前往 mt 博啦！

✳ 每展必现的华丽 mt 金龟车。

✳ 张张必点的贴纸是造成排队结账的始作俑者。

✳ 重现的水彩和摩洛哥等限定款。

✳ 排队结账的人龙。

✳ 诱惑你买带回家当壁纸贴的 mt CASA 系列。

✳ 讨论与抢购的人潮。

　　为了管控人数，入场需要分时段抽签。能够被抽中，而且又是适当的时机真的很感动。在第一天的第二梯次入场，根本是运气十足（手叉腰大笑三声）！这次举办的场所——东京的"月岛仓库"，地点可说是十分僻静，除了要去 mt 博的人潮外没有什么游客。根据官网上的说明，月岛仓库平时除了作为物流仓储用途，也时常有现代艺术、建筑、音乐、电影等表演或设计展在此举办。附近也有看到摄影器材租借等工作室，想来可说是个特别的展演空间！拿着入场券排队五分钟，拍拍外面华丽的 mt 金龟车后，我就在万红丛中一点绿的情况下入场啦！

　　一改展场外的安静清爽，昏暗的仓库会场内可说是暗潮汹涌。除了一进会场就能看到排队结账的人龙，还有讨论与抢购的人潮在商品桌围了一圈，看到这个情况，老实说我根本想丢下相机直接加入抢购行列，但还是先冷静地拍了几张照片后才进入失心疯状态。这一次，那种主妇看到花车商品，肾上腺素上升的感觉我终于懂了！

　　进场后迎接大家的，就是各式各样的造型和纸贴纸，还有热门复刻款的突袭！看到水彩和摩洛哥等限定款简直让人热泪盈眶（不知道该哭当初多屯了几卷，还是开心他们又重出江湖了……）！工作人员用来贴会场墙壁的成堆 mt CASA 也放在旁边，诱惑你买带回家当壁纸贴，原本定力十足的认为贴纸没有吸引力，但在食物控如我的心软下，还是手滑了一叠食物造型的贴纸。直到后来才知道这些贴纸就是排队结账的始作俑者，工作人员得一张张拿出来点，然后包装起来，真是甜蜜的负担啊！

mt shop

又爱又恨——7 米循环新款！

　　这次进场除了搜索一些之前绝版的限量款外，就是要看看神秘的新款了！然后我就看到条形码般的墙壁，横着贴了好长的胶带。"哇，是浅草雷门！还有文字烧等等东京景点！""上面这卷森林的也好可爱！"才正想看看这个循环的完整样貌，就发现走到胶带尾端了。虾密，整卷不重复？mt 真的是很有诚意，把一个主题做出这么长又不重复的图样。但是，这样完全舍不得用啊！某个段落很漂亮，但是用掉就没了，不完整了，这点实在是令收集狂揪心啊，你说这样不多败一卷怎么行？一卷收藏一卷使用嘛（越来越小声）。

　　除了令人吐血（是开心兼吐血）的新款外，会场也摆了很多近期才出现的特殊材质款。不论是以往从未有的轧型纸胶带，看来凸凸像浮雕，摸起来毛茸茸，或是撕起来手感很特殊的蜡纸胶带等的款式，感觉都很新鲜。看到拿了两个结账提盒都快装满却还在拿货的我，旁边的日本女生偷偷地交头接耳喊"苏沟伊！"（すごい！好厉害！）害我不禁怀疑自己是不是真的失心疯买太多了（笑）。

　　话说回来，结账人龙不只长，每个人的结账金额也是出乎意料的多。这个一卷那种两卷的，结算时竟然也有个上万日币，还好我妈妈没有看到我结账的画面，不然一定会被捏耳朵的！

* 全长不重复的神秘新款。

　　讲到 mt 展怎么能不提到万恶的扭蛋？一开始看排队人多，就先绕去可爱的扭蛋房，红白色的扭蛋房连墙壁都是用满满的扭蛋壳当装饰，感觉有种"想要搜集全款式吗？大概要扭满这……么多才有喔"的邪恶念头。我拿出百圆硬币扭了两个后，想说里面看起来都是清一色一般款，便跑回去选购纸胶带了。直到排完人龙轮到我结账，将手上的两颗扭蛋交给工作人员请他一并放进袋子里时，他才劈哩啪啦提醒我们说蛋壳里面有东西，请拿去扭蛋柜台交换云云（登愣）……打开后才知道里面有张"阿搭哩！"（当たり！中了！）的中奖纸条！我完全是个超级大外行啊！差点就这样与只抽不卖的限定款擦身而过！

　　于是，我立即抱着开心的心情和誓死的决心，掏钱包换零钱决定继续奋战了！人家说"beginner's luck"大概是真的！我最后在以九中二这种惊人的状况下决定收手。在众多的超限定款间，挣扎了一下后挑了可爱的野餐和咖啡款。看看旁边的女孩儿手持一大堆硬币继续疯狂地扭，然后旁边的兑币机每隔三五分钟就故障或换到没零钱，感觉空气中都快要漂浮着一堆 $$$ 的符号了，还是早点离开这个是非之地，以免收集到可以贴满整个墙壁的扭蛋壳吧！（笑）

✳ 万恶又可爱的扭蛋房。

* 让纸胶带出生的机具，从印刷／卷起等步骤到等待裁切的无敌长的纸胶带轴。

场内装饰——纸胶带大型运用＆印刷机具

　　mt 每次展览的定番，便是铺天盖地的纸胶带。从壁贴到车子和脚踏车的外装，都是纸胶带可以运用的领域，每次看到都觉得十分厉害，连购物篮都是用纸胶带把纸盒贴得漂漂亮亮的，还因此看到了 2013 圣诞款的真相！大家结完帐后都舍不得离开，在 DIY 区尽情地装饰自己的提袋，我还拿到一个切边剩余的半个胶带！另外还有历年的胶带标本墙，每次看到一季要发新款时，感觉都只有几个款式，想不到这些年下来，纸胶带变多了，钱包也慢慢变瘦了，喜欢上文具还真是条不归路啊……

　　至于机具方面，自从两三年前去过玉兔的铅笔工厂后，就一直对这种"制作过程大解密"的主题很有兴趣！虽然不是真的到工厂见学，但是看到超级无敌长的纸胶带轴真的很兴奋！让我更想亲眼目睹真实印刷／卷起等步骤了，如果可以自己卷及切一定很有趣！好希望哪天能看到纸胶带出生的过程，自己动手玩玩看。

* 从壁贴到车子和脚踏车的外装都能用纸胶带装饰。

*用切边剩余的半个胶带，尽情地装饰自己的提袋。

总结

　　这次亲自到现场逛展、第一手买到新款，然后把它带回家，看看同好们的疯狂程度，和扑天盖地朝你飞来的纸胶带，感受 mt 博的热闹气氛真的很开心。难得出国放纵自己的购物欲，又刚好碰上自己喜欢的活动，我想，除了钱包会受到攻击这个迷你缺点外，文具的世界真是太美好、太有趣啦！

*mt 历年来的纸胶带品项。

About 汉克 / Hank Kuo

从事 IT 业，喜欢设计、摄影、绘画和烘焙。
喜欢摄影，所以出国总是带着单反和不同的相机；
喜欢写字画画，所以手账本和纸胶带、剪刀、口红胶，
总是在包包里。
这就是我，一个用摄影和手帐记录美好生活的大男孩。
Facebook 粉丝页："每一天的手帐日记！"
个人部落格：http://www.hanksdiary.tw/

树火纪念纸博物馆内所展是手工造纸区。

在纸的旅程中玩味生活！

Text・Photo by 毛球仙贝

"纸"取物语——打捞轻薄的日常

在铃声中被唤醒，下床后缓缓拉开窗帘，刺眼阳光被镂空的窗饰纸小心地晕染上几许温柔。在惺忪间煮一壶水，让涓涓细流带着咖啡的香气，穿过滤纸汇聚成一天的开始。接着，打理完毕走出家门，在早餐店前掏出皮夹捻起一张百元钞；纸袋里的三明治、杯中的热红茶努力说服你挺过饥肠辘辘的上午。终于，愿意为今天所有的劳动妥协了！

安分坐在座位前开启计算机，翻开卷宗，同事逗趣地在签字栏浮贴一张"朕知道了"纸胶带，你只想回他"本宫乏了"。下午休息时分，打开一盒包装精美的比利时巧克力，泛着绚光的金箔纸，似乎包裹着某种幸福的心愿。而隔壁部门的小女生，则为收到神秘花束的惊喜而娇嚷着，纱网与粉彩的美术纸，的确让青春看起来红噗噗的。下班回家，信箱里塞满了广告DM、日用账单，正在厌烦分类时，一张来自伦敦的明信片掉了出来；你想，那朋友出发前紧捏着机票的忐忑，终是释怀了。于是你踏进门，从超市纸袋中拿出晚餐的食材，犒赏自己一日的辛勤。

树火纪念纸博物馆的三楼，有可以体验造纸的空间。

从树叶到书页

即使书写与阅读活动大多被数字所取代的此时，"纸"的发明与应用，仍然给予人们生活更多精彩的可能，而这些应用广至食、衣、住、行、育、乐无所不包；差别只是人们在使用这些便利时，是否有"纸"的察觉。现代造纸艺术复兴之父达德·杭特（Dard Hunter），曾为"纸"下过极为明确的定义："要把薄片状的物质归类为真正的'纸'，这些薄片必须是由彻底分解到每条细丝都已彻底分离的纤维结构；将这些纤维混合在水中，再用筛状的滤网从水里筛出，水透过滤网的小孔眼沥出，在滤网表面留下薄片的细密纤维，呈现出薄层的形式，这个缠结在一起的薄层纤维就是'纸'。"

将近五千年前埃及的莎草纸与后来南亚流行的贝叶纸（棕榈叶），都初具现代纸的形式，但真正要符合达德·杭特"彻底分解到每条细丝都已彻底分离的纤维结构"、"过滤后在表面呈现出薄层的形式"，恐怕还是非传说中由东汉蔡伦所造的"中国纸"不可。"中国纸"的两个特色：分解到最细微的植物纤维、无秩序非几何的纤维排列方式，几乎与现代工业化的机械纸浆模造纸一致。

待水分收干后，就是一张带有手感温度的手作纸了。

造纸时也能发挥创意，制作出有自己手掌图案的手作纸。

再生纸，自己动手作

从历史或制造原理上听起来或许很复杂，但是这样的技术在家中也可以简单地复制，只要亲自动手作一遍，就可以做出有趣的手造纸：

（一）先挑选纸浆的原料

老旧书信、文件、旧报纸、不读的旧书都可以拿来尝试，但尽量选择表面涂料少的纸。例如现在的杂志用纸（铜版纸一类）多半在制造的时候已经上了一层涂料，除非能找到相对应的剂料来分解它，不然就算久煮、久泡也都不易变烂，更别说要让它们还原成纸浆了。

（二）准备一个细目的筛网

作为筛出纸浆纤维之用。还要一个可以足够容纳纸浆与筛网的水盆。

（三）接下就可以进入实作阶段了

先将纸材撕碎、泡水，还原成纸浆。

> TIPS：如果觉得手撕的效果不好，纸浆纤维捞起来还是太粗、有太多未分解的碎纸块，可以连水带纸材一起用果汁机搅打（但为果汁机的马达寿命着想，最好 1 份纸糊对 20 份以上的水，以免果汁机在搅打时马达烧坏）。

1. 处理完的纸浆应该已经细致到看不见纸块了，这时可以把纸浆倒入盆中，如果用手搅动时，水混浊到看不见盆底，表示纸浆浓度足够，可以准备筛网来捞出纸浆薄膜。

2. 搅动纸浆水盆，让纸浆均匀流动。将筛网平面朝上（方便捞完纸浆后取纸）放进盆中，待纸浆被平均捞起在筛网上，就可以让筛网离开水面。静置到筛网不滴水时，就可以轻轻撕取纸浆所形成的薄膜。

3. 将纸浆薄膜用吸水布吸干后，可以选择自然风干或低温烘烤，干燥完成后就是一张自制的还原再生纸（由于这个动作的目的只是要把水分蒸干，低温烘烤时千万不要用太高的温度，以免烤焦或自燃）。

（四）简单的装饰

1. 挑选纸材时，可以尽量选用颜色相近的纸，进而控制再生纸的成品颜色（当然用颜料自行调色也行）。

2. 用筛网捞取纸浆时，若筛网上放置了模型，就会出现模型形状的空缺，可做成相框或手印等具纪念意义的应用。

DIY 手作纸必备的素材之一"细目的筛网"。

洗水纸晾干后可重复使用。

1. 将纸撕碎、泡水，还原成纸浆。可一次做多一点，没用到的部分可先晾干，待下次使用。

2. 纸浆倒入水中，以手搅动至水混浊到看不见盆底即可。

3. 筛网平面朝上放进盆中，待纸浆被平均捞起在筛网上，就可以让筛网离开水面。

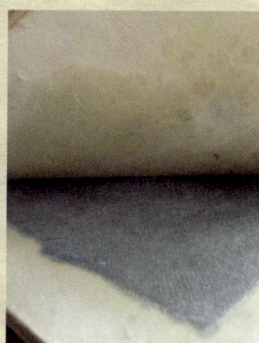

4. 以吸水布将多余的水分吸干。

纸的喧嚣与宁静

　　不论是前人或今人，纸张千百年来总承载着书写与印刷的喧嚣意念，这些信息不论是否营养美味，在赫拉巴尔《过于喧嚣的孤独》故事中，废纸厂老工人汉嘉操作着压力机将旧书报压扎成捆，却也无从把这些喧嚣信息给压停了。

　　未来面对数字时代，这些信息与故事的消逝，或许连废纸、碎片或一阵清烟都不会留下，但至少我们现在，可以在捞起纸浆时，让这些曾经承载意识的碎屑流过指间，这也算是一种宁静的幸福了吧？

※ "树火纪念纸博物馆"

. 内有可以实际体验 DIY 造纸的活动课程。

. 地址：台北市中山区长安东路二段 68 号

. 电话：（02）2507–5535

About 毛球仙贝

生活道具与文具杂货的偏食症患者，长期被"日常美的生活模式"所召唤。当漫游者的经历，比当旅游者更丰富；当读者的经历也比当编辑更丰富。虽然目前仍在出版界迷途，但正在偷偷进行"渗透日本"的秘密计划。

飞向新加坡逛文具店！（下篇）

新加坡文具店怎么可能只有两家呢？
本篇是【飞向新加坡逛文具店！】未完待续的完结篇，
让文具热血症患者柑仔，带着你逛遍新加坡文具店吧！

STRANGELETS
优雅美丽的生活杂货店！

接续上回的新加坡游荡，逛完了 Yong Siak St 上别具风味的书店 BooksActually，它的左边就是今天要介绍的 STRANGELETS，门口一片洁白的墙面加上大片的落地窗，店里温暖昏黄的灯光，勾引着咱们进去逛一逛。

STRANGELETS 成立于 2008 年，店主由几名室内设计师和建筑师组成，店里有英国 ASTIER DE VILLATTE 的瓷器、家饰、木制拼图玩具，甚至是美国 DIRTY LIBRARIAN CHAINS 的饰品、英国品牌 ANGLEPOISE 的灯具、香氛肥皂到各式各样的文具，能满足对生活道具有着各式各样口味的人们。

走进店门，精致的玻璃器皿摆设在通透的玻璃桌面上，左手边一整柜的瓷杯深蓝和红色的配色优雅爽朗，不知道是不是新加坡店铺的特色，STRANGELETS 和 BooksActually 一样，一进门仿佛空气被抽空似的，自然而然地失去了语言能力，只能尽力放低自己的声音，喂喂地跟同行友人分享新奇有趣的小玩意儿。

木柜间隔漆成黄色，和红蓝瓷器搭配十分协调。

店后方文具自成一区。

走过了家饰杂货区，莫要迟疑，立刻迈步走向店里最后头咱们主攻的文具区！店里的文具品项不少，后方一整个架子上摆放着来自欧美和日本的明信片、便条纸、小册子，大胆色块的堆栈十足诱人。木头雕刻的小动物们造型质朴自然，涂漆精致，自成一个小小的动物园。

来自美国的 Dottinghill 的刺青贴纸造型可爱有趣，饱和丰富的色彩超脱一般的刺青贴纸，造型多样，看到橘子当做车轮的脚踏车刺青贴纸当下心荡神迷，却突然长出了莫名其妙的理智，想着"咱良家妇女没在用刺青贴纸，虽然可爱但是买来做什么呢"，回到台湾至今数月仍旧懊悔不已。

Yong Siak St 是条相当有文艺气息的街道，两旁都是殖民时代的公共房屋，目前是新加坡的法定保护建筑，漫步在这条小路上，除了这两回介绍的 BooksActually 和 STRANGELETS 以外，口渴了，可以到同一条街上的 40 Hands Coffee 喝杯咖啡；想换心情看个绘本，可以到有适合各种年龄层的绘本的独立书店 Woods in the Books。一条街道，可以让你走走逛逛一整天，到新加坡玩耍，可别错过 Yong Siak St 呢！

1 RIFLE PAPER CO. 的口袋笔记本，封面烫金十分奢华。

2 花草为主的设计让 RIFLE PAPER CO. 的吊牌带着活泼的气氛。

3 FIELD NOTES 原木色的铅笔放在烧杯里就很好看。

4 ELLOW OWL WORKSHOP 盒装印章，现在在台湾也买得到!

【STRANGELETS】

7 Yong Siak St 168644
6222 1456
http://www.strangelets.sg

kikki.K
给你彩虹般心情的文具店

　　来自澳洲的 kikki.K，创办人 Kristina 和你我一样都是文具爱好者，kikki.K 创立已经有十年的时间，目前分店除了澳洲和新西兰以外，只有在新加坡有实体店面。你说，到新加坡玩耍时怎么能放过它呢？

　　这次造访的是 ION ORCHARD 里的 kikki.K，喜爱粉嫩色系的女孩儿大概一进门就会融化在店门口，门口摆放的笔记本封面是粉嫩的婴儿红和粉嫩的天空蓝，这不打紧，打开里头依旧是粉嫩嫩的配色，连自认有点 MAN 的柑仔看到的当下，都忍不住觉得"噢，好像有点可爱耶（眼睛呈爱心形）"。但相当 MAN 的哥哥、弟弟、爸爸、叔叔们也别担心，kikki.K 同时也有浓重的色系，完全无损自己的专业形象。除了能符合少女心、少男心、男人心、女人心等各种色系的文具之外，可爱带点童稚的插图也是 kikki.K 的强项，插图分布在从包装纸到贴纸本到笔记本等系列商品上，每个都令人爱不释手，只是飘洋过海后，kikki.K 的价位不甚便宜，大伙儿也得做好心理准备。

　　被粉嫩嫩烧得迫不及待想往新加坡冲了吗？莫要急，其实 kikki.K 是接受网络购物的，真的被烧到不行的话，运费给它开下去就对了啦！

kikki.K 拥有各种色系的水性笔、原子笔和中性笔等。

纯正的红色系，在工作场合绝不会被发现少女心。

黑色系的文具们总该够 MAN 了吧！

kikki.K

【 KIKKI.K ION ORCHARD 】

Phone: +65 6509 3107
Email: ion@kikki-k.com
Address: Shop 44-46, 2 Orchard Turn Singapore, 238801
http://www.kikki-k.com/

MONOYONO
奇幻复古风格的小店

　　新加坡居然有这么多优雅好逛的店，实在出乎我的意料，好友小孟带咱们到的这间MONOYONO，又是一间令人发晕的美丽店铺。（这令人晕眩的感觉绝对不是来自于帅气有型的店长，噢，他眼神正放着电呢！）

　　MONOYONO 在新加坡共有三间分店，分别位于 Plaza Singapura、VivoCity 和 Raffles City 这三间百货里。今天造访的是 Plaza Singapura B1 的 MONOYONO，华丽娇媚的兔子就在门口迎接咱们，木造的门面质感十足。依照美丽店铺通常灯光昏暗的原则，从店里打出来的昏黄灯光充满了情调。

　　一进门的商品架上藏着一面小黑板，上头的马来文"Majulah Singapura"，意思是"前进吧！新加坡！"是新加坡的国歌歌名，也是新加坡的国家格言。整个小层架上放的就是让你确认自个儿正在新加坡的风味商品。右侧悬挂的帆布袋上印着的传统日历，让我想起小时候，老是开心地把生日和毕业旅行提前写在厚日历上，每天期待地一张张撕掉，充满倒数的乐趣。这袋儿上头的日期看来平凡无奇，但 1965 年 8 月 9 日正是新加坡脱离马来西亚联邦，成为独立国家的日子，相当有纪念价值。左侧的帆布袋上的"新加坡国家博物馆"则是新加坡历史最悠久的博物馆。

收看过新加坡电影的朋友，对新加坡独特夹杂着英文、马来语和福建话的 Singalish 一定感觉很促味，红黑两本的 Singalish 精装本，封面设计相当有圣经感，内页是空白的笔记本，每页的最下方精选了 Singalish 里发音独特的单字，比如说"already"在 Singalish 里的念法就是 [oh.ree.dee]（偶～垒～地～）；"chio"念作 [cheeoh]，在福建话里形容妖娆的女性，相当有趣味。

看罢中央中岛部分，环顾 MONOYONO 四周，最引人注目的是各式各样的印刷纸张，只是随意地贴在墙上就是那么好看，站在这墙前好一会儿，柑仔发狂地只想把这面墙上的纸全都给带走。带着点泛黄色泽的纸张，一份份包在袋里，转过来一瞧标价，唉唷喂，纸张美则美矣，但果然是痛苦指数颇高的新加坡，要是把柑仔钟意的纸张们都带回家，唯有卖机票一途。

MONOYONO 店里家饰、文具、日常用品兼而有之，搜罗了许多创意有趣的玩意儿，虽然价格实在有点让人肉痛，但灯光美气氛佳摆饰风格一流，值得一逛。

MONOYONO 网站上呈现地是另一种清爽明朗的风格，逛起来也是相当愉快的唷！

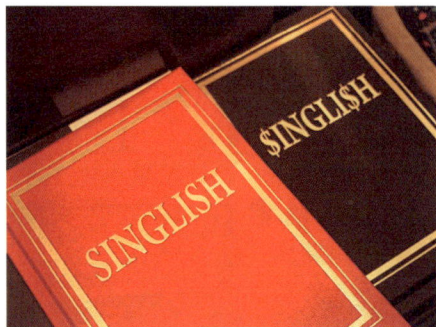

精装本的 Singalish 笔记本相当厚实。

店里有少量的纸胶带，但并非当店限定款，大家莫要惊张。

1

3

4

1 2 店里的摆设相当不马虎，处处都是风景。

3 利用报纸卷起减少木料使用的环保彩色铅笔。

4 以认真的态度出售的橡皮筋。

5 看来相当立体的马儿墙边挂饰，是华丽的纸制品。

【 MONOYONO in Plaza Singapura 】

网站：http://monoyono.com/

分店地址：Plaza Singapura 68 Orchard Road, #B1-06 Singapore 238839

【 MONOYONO in Raffles City 】

252 North Bridge Road, #B1-24
Singapore 179103

【 MONOYONO inVivoCity 】

1 Harbourfront Walk, #01-92
Singapore 098585

smiggle
七彩的文具天堂

　　像糖果一样色彩丰富可口、由"微笑— smile"和"傻笑— giggle"两个字合成的"smiggle"，挂着大大笑容的亲切店员，让你一走进心情就超级愉快！这么开心的店里，随时随地都充满了大大小小各种年龄层的人潮。2003 年成立于澳洲墨尔本的 smiggle，是南半球著名的文具连锁店，众多分店目前分布在澳洲、新西兰和……新加坡，呃，除南半球以外的分店居然就在这儿，新加坡啊新加坡，你真是太帅气了！怎么总能搜罗到这些有趣的店铺？虽然 2014 年 smiggle 进军英国，但算算距离，咱们还是到新加坡玩玩的时候顺道逛逛得了。

趁着 smiggle 还没开门时，才能拍到这店里没人的画面。

和其他灯光美气氛佳优雅时尚的店铺不同，smiggle 摆明了就是走青春无敌、让你好 happy 的路线，仔细瞧瞧，smiggle 的商品种类其实不多，但一模一样的笔袋、笔、橡皮擦、回形针、水壶、CD 盒、收纳袋、剪刀、钥匙圈……，这些小玩意儿们纷纷换上红、橙、蓝、绿、紫等不同的配色，对不只是文具控，同时还是色彩控的我们，光看着都觉得好缤纷诱人。

和之前介绍过的气质店铺相比，

smiggle 洋溢着自在的气氛，看到了可爱的小玩意儿的小声惊呼，想和朋友分享时的细碎耳语，在 smiggle 里都是合理而且自然的声音，在 smiggle 逛逛文具，和在游乐园一样令人开心。当然啦，色彩丰富是 smiggle 的一大卖点，但文具们使用起来相当顺手不马虎，这点倒是让人相当感动呢。

新加坡的 smiggle 几乎都设立在百货公司里，有兴趣被彩虹般文具洗礼的朋友们，可别错过 smiggle 给你的色彩轰炸！

即使是黑色系的文具们，smiggle 还是可以玩出不一样的趣味。

橘色文具让柑仔在前面踌躇再三，只想通通带走。

造型有趣的拉链笔袋，也有众多色彩任君挑选。

【 smiggle 】

网站：http://www.smiggle.com.au/shop/en/smiggle
SHOP 01-29 SOMERSET 313, 313 ORCHARD ROAD

Scrapbooking

相本美编

the best journeys
are not always in straight lines

Notes

YOU ARE MY SUNSHINE

the best journeys
are not always
in straight lines

the
est journeys
are not always
in straight lines

在欧美地区非常流行的相本美编，

将从此刻与所有读者分享，

让生活中那么真实发生在自己身上的

再平凡不过的日常点滴，

运用 scrapbooking 相本编辑，

留住那对自己极具意义的事件！

相编属于自己的生活日常！

Text • Photo by moon

〈属于自己的故事〉

用 scrapbooking 相本美编记录生活这么多年，每隔一段时间我便会重新思考这样的目的究竟是什么，同时问问自己到底是为了什么而坚持着。

回想起一个老朋友跟我分享对于时间的说法，我还记得他用非常坚定的语气说着："时间，也就是一连串事件的概念罢了。存在的是一件又一件对我们极具意义的事件。"

这个定义让时间给了我更具体的形象，也就是摆在柜子上那一本本的相本——属于自己的故事。

这几年也从一个人的旅游记录慢慢地变成两个人的生活故事，相本里尽是最平常不过的生活点滴，可能是一道道的创意料理，又或是某个星期假日的午后漫步，有时候翻阅着这些再平凡不过的日常，其实一个个都是那么真实地发生在自己身上的故事。

时间，也就是
　　一连串事件的概念

存在的是一件又一件
　　对我们极具意义的事件。

A b o u t

眼底与指间 / moon lee

现居新加坡的小资人妻，喜爱阅读、旅游及手作，最爱 scrapbooking 相本美编留住眼底的小风景，写一页页属于自己的故事。

blog: http://moonyingl.blogspot.sg/
FB: https://www.facebook.com/scrapbookingmoon

scrapbooking
相本美编做法

01

挑了前阵子在植物园里拍的照片，动手前心底已经有一个大概制作的方向，所以在材料的挑选上也就可以更聚焦在想要的色调以及主题上。

02

照片当然是 scrapbooking 相本美编最重要的元素之一，为了让主角照片更为突显，因此利用之前剩下的零碎纸张加衬一层在背后，就能够增添一些变化啰！

03

纸张的堆栈是我最爱用的做法之一，不仅可以让浅色底纸多一些变化，也可以利用纸张不同的花色图案来配合照片里的场景，甚至剪下地图图案让版面显得更为活泼不死板。

04

英文字章非常适合用来当做标题，直接盖印在底纸上或是另外盖印在其他底纸都有不同的效果，而这也是手做的乐趣之一，就看自己喜欢哪一个效果啰！

05

moon 决定结合两种盖印的方式，再利用无酸泡棉胶增加一点点高度，看起来也更有层次感！

06

Scrapbooking 相本美编另一个重要的环节就是文字记录，透过文字的记述保留照片背后的感动与小故事，如果不好意思让人看到心里的话，也可以像这样偷偷藏在后面唷！

07

将圆弧状的部分切开一小部分再放进底纸后面，就不用担心文字记录卡掉下去啰！而且也让版面看起来不那么呆板！

10

虽然手边没有缝纫机，不过假手缝的效果也是几可乱真啊！这种手绘的自然感不也就是手作的乐趣之一？！

08

基本款的纸胶带绝对是版面装饰的好帮手，简单撕贴就可以增加变化与趣味性，还可以呼应相片中的穿着配色！

09

利用碎纸裁成大小不一的相片角也是我这个小资人妻非常喜欢的做法之一，既不浪费又让整个版面集中在主要照片上喔！

| 小资人妻省钱妙招 | 零碎纸头在收纳上有时候真的是令人头痛，所以用来制作相片角或是利用打洞器打下喜爱的图案，一点都不浪费！ |

| 配色小撇步 | 黄绿色调是 moon 非常喜欢的一个搭配，再从手边的材料里搭上一些橘、咖啡色系，也是一个自我练习配色的好方法！ |

| 版型运用 | moon 总是喜欢挑选简单的版型当做一个参考，因为越是简单越是可以自由变化，融入自己的想法或是配合手边现有的材料加以运用，就算是同一个版型也可以变化出多种不同的样貌！ |

文具手创时光

爱情的味道!

西洋情人节、白色情人节或七夕情人节，
情人们情感闪光的节日，
对爱情的想象投入手作设计里，会呈现什么样的面貌?
就屏息以待吧!

参与创作：小西、妮蒂亚、Heaven、Rosy、Goofy

handmade decigner

自 序

或许自己是一个很勇敢爱的人吧!

我不喜欢那种抱着遗憾，偷偷喜欢一个人，却只能当好朋友的感觉，也不喜欢欺骗自己与身边的人，因为爱，是挡不住也骗不了人的。与其害怕受伤害，不如想想如何好好地爱。

我相信，爱是需要经过学习的，在每一段的感情中，不论过程如何、结果如何，都一定能从中得到一些什么；地球上好几亿的人口，我们竟然可以和其中一人如此亲密，因着这样的缘分，让我们得以在对方的身上，获得也许相同的慰藉，也许不相同的眼界。

所以，好好地爱吧，不要辜负了我们与生俱来，爱人的能力。

about 小 西

自然、开朗的维他命 C 女孩，爱旅行也爱手作，喜欢简单自在
的生活，天真拙趣的手绘个人图像，总带给人会心的微笑，也
期望将这样满满的活力感染给身边的每个人。和朋友在宜兰开
了一间"四季花绪"的手作杂货铺，一点一点地实现梦想。

命运的红线

冥冥中有一条红线牵引着你和我，
就等待着对的你出现，打开我的心。

LOVE YOU

say
love you

用指印盖出了好多爱心，
只是想告诉你：I love you。

和你的家

终于，我们成了一家人，
拥有了属于我们自己的家，
小心翼翼地，我要守护这份幸福。

HOME

我们一对

是的，我们是一对的了，
到哪里、做什么，我们都要在一起。
笔套也是一对的。

FOR YOU

LOVE
SWEET

HOME

火柴盒喜糖

踏上红毯，我知道这不是爱情的终点，而是另一个幸福的起点。
沾沾喜气，火柴盒可以帮你实现愿望喔！

制作方法

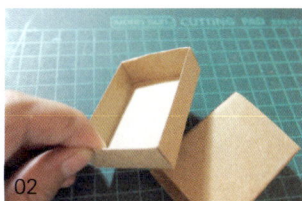
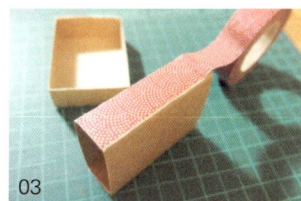

材料

火柴盒纸型、
厚牛皮纸和纸胶带。

步骤

01 在牛皮纸上描绘好火柴盒的纸型。
02 剪下纸型后，折出火柴盒的外型并黏贴好。
03 在火柴盒的两侧黏贴上纸胶带。
04 以各色的和纸胶带拼贴出可爱的小图案。
05 写上喜欢的文字即可。
06 完成。

handmade decigner 2

自 序

最喜欢怀着甜蜜的心情，

写一张小纸条、画一张卡片给喜欢的人，

对我而言，爱情是激发创作力的最佳养分。

用手边的纸材、文具细细地编织着关于爱情的滋味，

从憧憬、单恋、热恋到总是悬在心头上的甜蜜烦恼，

创作出关于"爱"的图画与意象，

是生活中最美好的事了。

about Nydia （妮蒂亚）

喜欢插画、写字、旅行、料理、杂货、生活小观察。

从念书到工作，似乎都是弹跳般前进，因为向往手感自然
的生活风格，坐在冷气办公室的多媒体企画变身为满桌画
笔颜料的自由创作者。

发现自由的灵魂才有满满的想象能量以后，希望借着各种
分享方式，成为具有生活感染力的创作者。

两个人的餐桌风景，
似乎代表着两个人的感情状况，
即使是日常生活一起吃着热呼呼的吉士锅，
看着随性摆放的杯盘也感觉出一段美味的爱情时光。

为你切块蛋糕
立体卡片

问了几位朋友，什么甜点让你直觉想到爱情的滋味呢？
大部分的人都会说草莓蛋糕。
酸酸甜甜的草莓、挤上奶油吉士酱、夹在厚实的饼干蛋糕里，
看着情人为你切下、放到盘子里，
微笑着递到你面前，那一瞬间最让我心动不已了。

Where there is love
there is no darkness

他爱我？他不爱我？
爱情来时总有千百种烦恼，
自己做一组爱情密语签，
写下你喜欢的爱的箴言，
心感到彷徨时就抽一张鼓励自己，
永远都用正面的态度迎接爱情。

苹果与白雪公主
拼贴画

白雪公主，是我第一个想到食物、
爱情滋味的故事，仔细想想，
是苹果为白雪公主带来了爱情呢！

蕾丝蛋糕纸总让我想到芭蕾舞裙，
脑海中突然蹦出了小锡兵与芭蕾舞伶的童话故事，
虽然经历很多的冒险，
但是故事里的两个玩具很少用言语传达爱情，
想要为他们做一幅"静静地相信与守护着彼此"的图画。

材料

纸胶带、1号画布、喷画胶膜、彩色墨水、插画笔、泡棉胶、蕾丝蛋糕纸。

制作方法

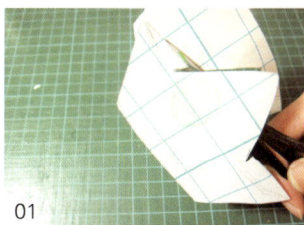
01

02

03

04

05

06

07

08

01 画一艘纸船于喷画胶膜上并剪下。

02 将纸船贴在画布上，其余部分用插画笔沾墨水渲染底色。

03 用泡棉胶剪出小锡兵与芭蕾舞伶的模样，尽量用方形拼组。

04 在泡棉胶上贴上纸胶带。

05 细节部分，在贴上纸胶带后再慢慢剪出来。

06 将蕾丝蛋糕纸裁一半，均分三折。

07 捏出舞裙的绉折，并于背面贴上泡棉胶固定。

08 用纸胶带和剩余的蕾丝蛋糕纸做周边的装饰后完成。

handmade decigner 3

自 序

亲手写一张卡片，

手作一个载满回忆的小礼，

表达爱意不需要昂贵的礼物，

男女、男男、女女们，亲人、家人、友人，

不要羞于表达自己的心意，

把感谢之意付诸双手体现吧！

about Heaven Tai（crafter ハンドメイド / フクロ作家）

务实却又爱幻想的奇怪魔羯座，喜欢看童书、逛逛动物园，习于生活于大都市里，心里却住了个长不大的森林女孩，曾于巴黎尝试当短暂住民，向往过去的手感年代，喜欢欧洲的质朴怀旧感，也喜欢日本洗炼的极简风，爱看电影，在虚实之间寻找创作的灵感。

正搬到一处采光充足的秘密小二楼（现在梦中·制造工所）持续创作中。

FB：H★ made in Heaven

你一口，我一口，
感情不会散。

小花束别针

把花束缩小小的，捧在手心，
小心翼翼地送给心爱的人，
别在身上，随时感受满满感激，
感谢得真心诚意。

礼物袋

爱意从包装就开始深刻感受，
充满回忆的小物还可以一并收藏入袋。

一扇窗，一户门，加上尖尖的屋顶，
这样还不够，要加上一个你和一个我，
美好的家才会成形，少一个都不算完整。

婚礼蛋糕
收纳盒

结婚怎么可以少了两层蛋糕，吃了就没了，
亲手做一个，收纳小物好方便。

handmade decigner

4

自 序

如果对方对你而言，是唯一的特别存在，那你一定也希望送给他一个独一无二的礼物，"亲手制作"的心意，或是在包装上用点巧思，都能把你的感情传递出去。

我在构思"爱情的滋味"主题作品，希望不只是专属于热恋中的情人，还包含了单恋的告白准备，把秘密藏在火柴盒里，或是等待还未出现的他，用插画绘制心中的梦想画面，完成的过程与时间的蕴酿，也是手作与恋爱的美好体验。

纵使爱情的滋味是带点复杂的甜苦相依，但每一刻都好珍贵，而一件件作品，都是纪念。

about Rosy （张伟蓉）

喜欢画画、写字、为生活里的小事物拍照，喜欢搜集零碎的幸福，擅
长描绘女孩风格的甜美细腻。

2010 年用所有勇气去日本打工游学，做了半年的旅行。之后致力于分
享旅行与生活中的美好，现在平日是卡片礼品设计公司的小 OL，闲暇
之余持续在网络上发表作品，和大学室友三人共组 157-4 工作室，不
定期参加市集活动与展览，期待成为一个让人感到幸福的创作者。

Blog：如果我的小宇宙亮晶晶

http://rosy.pixnet.net/blog

秘密纸盒的
告白

不好意思说出口的告白，
就把"最喜欢你"偷偷藏进亲手做的小盒子，
给亲爱的他一个意外的小惊喜吧！

As Sweet As You

甜蜜小青鸟

让幸福象征的小青鸟，
见证我们的每个纪念日，
不需要隆重的大礼物，
只有独一无二的我们，
在此刻相遇、相知、相惜，
就是彼此的奇迹。

一直牵手的梦想圈

虽然有许多美丽浪漫的情人卡片，
但亲手绘制的图画更能表达心意，
用彩色墨水渲染出缤纷的梦想，
一起围着围巾、紧紧牵着手，
有你最温暖。

在一起 7/27

幸福的纸花圈

用纸蕾丝创作的花圈，
不只可以当作卡片，
也可以当作居家布置，
为温馨的小窝增加甜蜜的颜色和气氛。

Happy Valentine's Day

一半加一半
的爱

完整的爱心，需要左边一半加上右边一半，
才能够成为美丽的图形，
就像爱情一样，需要两个人共同努力经营，
小小的礼物盒，装进的心意，
只是要告诉对方，我多想和你在一起。

5

handmade decigner

自 序

恋人的模样，往往在有些时候是身陷其中的。爱，对我来说是难以思虑的事情，可能就是想秉持着自然而然吧！总是有那么些时候，特别想为对方做些什么，就算那不是实用物品，但那些天马行空的手制小物，对双方来说一定都是留存记忆、将瞬间冻结的方法，所以只要灵光一闪，就动手做吧，将一起经历的种种封存在那些质朴的小物身上，它可以是文具，可以是日常生活用品，更可以是生活上美妙的注记。就让爱弥漫在生活的角落吧！

about Goofy

彰化员林人，有点任性的恋家少女。

喜欢记录生活日常小事，而手作、摄影、旅行是必备精神粮食，

能够慢慢累积许多生活能量，让自己稳健地迈步向前。

认为亲手制作小东西是很疗愈身心的，

希望能在自己的小角落种出一片森林，

然后像是游乐园一般，让大家也沉浸其中。

Blog：http://goofychi.pixnet.net

Facebook：http://www.facebook.com/Goofychi2012

写一首
属于两个人的诗

№4U-39

把那些碎片
聚合在一起
就是爱了
仔细寻找喔

没了浪漫，激情褪色
我们之间，淡如水
我体内有你的涵量
你体内也有我的
百分之七十的
静　静　拥　抱

10%

写一首属于两个人的诗吧！
话不用多，字词也不用太讲究，自然地表达就好。
把那些字词一字一句雕刻出来，
我想感情也更深刻一些了！

陪着你
邮票贴纸

把相互陪伴的画面刻成邮票印章，
小小方格里的温暖，好像永远定格了。
可以时不时地拿出来贴在想回忆的地方。

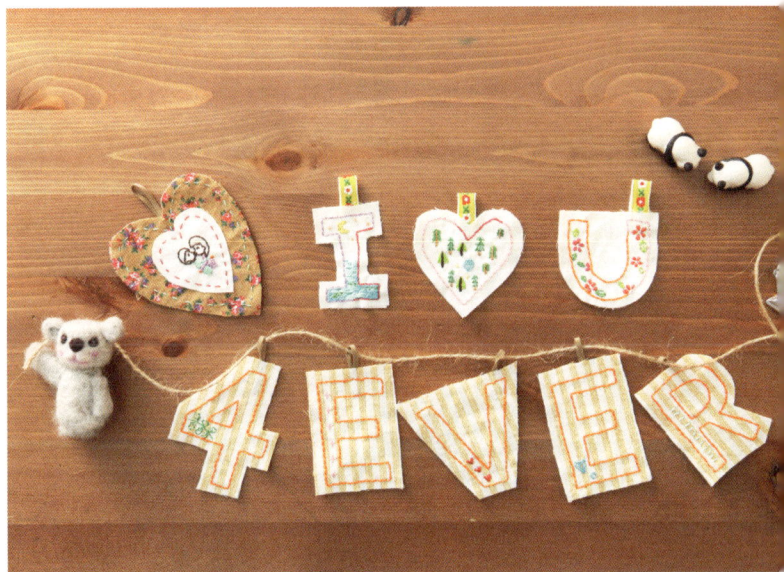

LOVE 4 EVER
布书签彩旗

LOVE 4 EVER 布书签彩旗用那些小碎布，
一针一线，缝成那些爱的话语。
这样的话，看书的时候可以想想你
要不然，把它们全挂在墙上也很幸福！

Le Rayon vert

文艺电影
书套

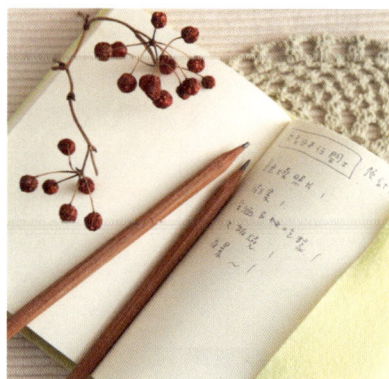

OUR MOVIE STORY

我们都喜欢看电影，
所以选了一部我们都喜欢的电影绣书套。
简单的款式，可以装入自己的小笔记本，
对自己，或是你，写写字。